計測と制御 シリーズ

電子計測

岩﨑 俊 著

森北出版株式会社

┌─ ◆電気抵抗および抵抗器の記号について ──────────────
│ JIS では (a) の表記に統一されたが,まだ論文誌や実際の作業現場では
│ (b) の表記を使用している場合が多いので,本書は (b) で表記している.
│

│   (a)   (b)
│
│ ※ 本書では,他の記号においても旧記号を使用している場合があります.
└────────────────────────────────────

本書のサポート情報などをホームページに掲載する場合が
あります.下記のアドレスにアクセスしご確認ください.

http://www.morikita.co.jp/support

■本書の無断複写は著作権法上での例外を除き禁じられています.
複写される場合は,そのつど事前に (株) 出版者著作権管理機構
(電話 03-3513-6969, FAX03-3513-6979, e-mail:info@jcopy.or.jp)
の許諾を得てください.

「計測と制御シリーズ」発刊の序

　最近の科学技術の発展はまことに目覚しく，特にエレクトロニクスに代表される分野の進歩は目を見張るものがある．半導体技術を中心とした基礎技術およびその組み合わせ応用技術はまさに日進月歩であり，従来は夢と考えられていた技術が現実のものとなっている．21世紀は情報通信技術で幕が開けようとしており，その分野も想像をはるかに超えるものである．携帯電話の爆発的普及，ディジタルテレビの実現，インターネットの家庭への浸透，家電機器のディジタル化とネットワーク化，ICカードに代表される電子商取引の実現などその応用範囲はとどまるところを知らない．

　電気・電子工学に関する学問の成果は，単に電気・電子・通信・情報産業のみならずあらゆる産業の分野で応用・利用されている．さらに産業・経済分野だけでなく，われわれの日常の社会生活・家庭生活あるいは医療・介護の分野にまで上記技術の成果が浸透・普及している．現代社会は電気・電子技術なしには発展が考えられない程影響を強く与えている．つまり高度情報社会と呼ばれている現代社会を支えている基本的な技術が電気・電子技術であると言える．

　したがって，これからの高度情報社会を支える技術者にとっては，専門分野の如何にかかわらず，電気・電子工学に関する理解を深め，系統立てた知識を習得しておくことが重要である．電気・電子工学の応用範囲は極めて広く，また日進月歩の技術の発展に絶えず寄与している．電気電子工学について理解を深めるためには，単に教科書に記述されている知識を習得するだけでなく，学問や技術の発展の基本となる本質的で基礎的な知識を身に付け，同時にこれらの知識を常に新しく成長させる能力を養う必要が求められている．

　本シリーズは，以上のような考え方をもとに，電気系学生，または電気関連分野を必ずしも専門としない学科の学生に対しても，電気・電子工学に対する物理的・量的な知識を体得させることを目的として企画したものである．

　特に計測と制御に関する分野は，電気・電子系の学生だけでなく，機械工学，計測工学，情報工学などを専門とする学生においても重要な基礎科目である．し

たがって，専門的な体系の全てを網羅・記述するのではなく，計測・制御の知識としてあらゆる分野に応用の利く本質的なことに内容を絞り，その概念が十分に理解できるような丁寧な記述となるようにした．そのために，論理の天下り的な記述はできるだけ避け，読み進むことによって理解が深まるように配慮するとともに，身近な例題や演習問題により興味がわくような記述を心がけている．

　上記のような観点から，本シリーズは下記の6巻に纏めることとした．

　　　「計測工学」
　　　「電子計測」
　　　「制御工学」
　　　「電子制御」
　　　「数値制御」
　　　「センサ技術」

これらはいずれも多種多様な電気・電子現象を的確に把握するための基礎的な事項である．本シリーズを学ぶことにより，電気・電子工学に現れる事象の量的な概念を把握するとともに，個々の事象を独立な問題として理解するのではなく，相互に関連のある事象として理解をしていただきたい．このような電気現象の基礎的な事象を確実に把握することが，いわゆるエレクトロニクスの本質を理解することになり，創造的な考察の原点になると考えている．

　これからの時代を担う技術者に求められているのは，習得した専門知識の多少ではなく，知識を発展させ活用する能力と創造力である．本シリーズの読者が知識の断片的な吸収を目的とせず，総合的な判断力を身につけることを念頭に置いて勉学し，21世紀が要求する新しい分野に発展させることを願って止まない．

　本シリーズ各巻の執筆者は，それぞれの専門分野で活躍しておられる第一線の先生方である．得にお願いして具体的に分かりやすい記述を心がけていただいている．必ずや読者の方々のご期待に添い得るものと考えている．

2002年3月

　　　　　　　　　　　　　　　　　　　　　　　　　　編者　池田哲夫

まえがき

　計測は，自然をどのように把握するかを考える基礎的な学問であると同時に，産業に不可欠な「信頼できる測定」に役立つ実学の基礎を与える．特に電子計測は，多くの大学の電気・電子・通信系学科・専攻において重要な科目として位置付けられており，その波及効果から機械系・情報系の科目としても取り入れられている．この書は，これまで確立された電子計測の内容を含み，最近の技術の進歩に対応できるように意図して執筆した．

　本書は，電子計測器の特徴と使用する上で理解しておかなければならない点，電子計測器を用いて計測システムを構成する場合の考え方などに力点を置いて書かれている．しかし，このような切り口で電子計測を記述すると，計測器メーカの取り扱い説明書との区別がつかなくなるおそれがある．計測器の取り扱いに関する注意事項などは，具体的である分，メーカの取り扱い説明書の方が分りやすい可能性がある．

　そこで，本書では，第2章，第3章およびそれ以後の各章の最初に各種の電子計測器の基本的原理を理解し，独自の計測システムを構成するための基礎的事項を述べた．これによって，読者は基礎科目である電気回路，電磁気学，計測工学さらに専門科目である伝送工学やディジタル信号処理などとのつながりが理解できるであろう．

　授業は半期で終えることができるように工夫した．1章を1週に対応させ，14章程度で構成することがひとつの考え方であるが，電子計測では対象とする測定量や計測器によって必要とする分量が異なり，各章のアンバランスが生じて1章を1週に対応させることが困難である．また，基礎事項の解説との連携と照応もとりにくい．そこで，本書では1章を1回から2回で講義することとして9章で構成した．カリキュラムによって若干の違いがあるが，おおむね第2章，

第3章，第4章，第5章，第9章を2回で講義し，それ以外の第1章，第6章，第7章，第8章を1回で講義することが適当であると思われる．直流・低周波の測定，光計測などは独立した章を設けなかったが，第2章，第4章および関連した個所で説明を加えた．

2002年3月

岩﨑 俊

目　次

第1章　電子計測システム　1
1.1　電子計測 ………………………………………………… 1
1.2　計測用機器と電子計測システム ……………………… 2
1.3　電子計測システムの構成例 …………………………… 4
1.4　電子計測の発展 ………………………………………… 6
演習問題1 ……………………………………………………… 10

第2章　測定量の検出　12
2.1　検出器，センサ ………………………………………… 12
2.2　センサの等価回路 ……………………………………… 24
演習問題2 ……………………………………………………… 29

第3章　測定量の伝送と変換　31
3.1　伝送線路と接続 ………………………………………… 31
3.2　同軸線路と同軸コネクタ ……………………………… 36
3.3　レベル変換とインピーダンス変換 …………………… 39
3.4　ディジタル変換 ………………………………………… 51
演習問題3 ……………………………………………………… 57

第4章　電圧計，電流計，電力計　58
4.1　直流・低周波 …………………………………………… 58
4.2　高周波・マイクロ波 …………………………………… 68
演習問題4 ……………………………………………………… 75

第5章　インピーダンス測定器とネットワークアナライザ　77
5.1　インピーダンス ………………………………………… 77
5.2　集中定数回路とみなす測定 …………………………… 80

5.3　分布定数回路と考える測定 86
　演習問題 5 93

第 6 章　オシロスコープと波形観測　　95
　6.1　オシロスコープ 95
　6.2　波形の観測 106
　演習問題 6 110

第 7 章　周波数カウンタと周波数の測定　　111
　7.1　時間と周波数の測定 111
　7.2　周波数測定方法の種類 112
　7.3　周波数カウンタ 112
　7.4　回路定数による周波数の測定 118
　演習問題 7 123

第 8 章　スペクトラムアナライザとスペクトル計測　　124
　8.1　時間波形とスペクトル 124
　8.2　フィルタ 127
　8.3　スペクトラムアナライザ 129
　8.4　FFT アナライザ 134
　演習問題 8 136

第 9 章　雑音の測定　　138
　9.1　雑音の一般的な性質と種類 138
　9.2　雑音のパラメータ 142
　9.3　ガウス・白色雑音に関する測定 148
　9.4　雑音の時間変化に関する測定 152
　演習問題 9 155

演習問題解答 156
付録　国際単位系 (SI) 163
参考文献 166
索　　引 167

第1章 電子計測システム

1.1 電子計測

　測定 (measurement) とは，ある量が単位 (unit，基準となる量) の何倍であるのかを求めるための行為であり，測定を行うための方法論が計測 (measurement science) である．逆にいえば，計測の目的は，情報を抽出し，それを定量的に表示することであり，このために測定という行為が行われるといってもよい．測定結果は測定値 (measured value) として表示される．ある量を測定するためには，その量に関する単位を定義し，その定義にしたがって実際に単位を具体化した標準 (standard，測定標準あるいは計測標準ともいう) を作る必要がある．

　電子計測 (electronic measurement) とは，電子工学および電子技術すなわちエレクトロニクスの成果を活用した計測である．したがって，電子計測においては，電気信号の形で情報の伝達あるいは処理が行われる．電子計測は，計測の分野において重要な位置を占めている．たとえば，温度や圧力といった力学的な量を測定する場合も，それらの測定量 (measurand，被測定量ともいう) [1] を電気信号に変換できれば，電子回路で構成された増幅器を用いて高感度な測定ができる．さらに，ディジタル (digital) 信号に変換すれば，アナログ (analog)

---

[1]「測定量」として，測定結果を表す値を示す場合もあるが，本書では，測定結果を表す値を「測定値」，被測定量を「測定量」と呼ぶ．

信号のままでは困難な処理を行うことも可能となる．電子計測の特長としては，以下のような項目が挙げられる．

1. 電流，電圧，抵抗などの電気量の単位が明確であり，正確な標準が実現できるため，高精度な測定が可能である．
2. 高感度の検出器や増幅器を用いて，微小量の測定ができる．
3. 測定量をディジタル信号に変換して，コンピュータによるデータ処理ができる．
4. 遠距離へのデータ伝送により，大規模な計測システムを構成できる．
5. 電子回路を用いて，あるいはコンピュータ制御により，測定の自動化が可能である．
6. 種々のセンサを利用して，電気量以外の測定に応用することができる．

1.2
計測用機器と電子計測システム

　電子計測においては，種々の計測用機器あるいは計測用素子 (measuring component) が使われる．ここでは，機能が限定された小さなハードウェアを素子と呼んで機器と区別する．機器と装置の区別はあまり明確ではないが，比較的大型の機器を装置と呼ぶことが多い．これらの詳細は，第 2 章以降で述べるが，ここで簡単に整理しておく．

　測定器 (measuring instrument) も計測用機器の 1 つであるが，すべての測定量に適用できる一般的な用語である．指針の振れで測定値を表示するメータは電気計器 (measuring meter) と呼ばれる．また，周波数カウンタやディジタル電圧計など電子回路を用いた測定器は，「電子計測器」と呼ぶことが一般的である．検出器 (detector) およびセンサ (sensor) も計測用素子である．電子計測では，検出器は主として電気量を検出する素子の名称に，センサは主として電気量以外の測定量を検出するための素子の名称に使われる．

　電子回路や電子機器の特性を測定する場合，電源，発振器，パルス発生器などの各種の信号源 (signal generator) が用いられる．計測用機器の間を結ぶ伝送線

表 1.1 計測用機器の例

名称	例	目的
電気計器	可動コイル型電流計	直流・交流電気量の測定
電子計測器	周波数カウンタ、ディジタル電圧計	各種電気関連量の測定
信号発生器	ファンクションジェネレータ、パルス発生器	電気信号の発生
検出器、センサ	ダイオード、サーミスタ	電気量の検出、変換
減衰器、増幅器	抵抗、演算増幅器	信号の減衰、増幅
伝送線路	同軸線路	信号の伝送
分岐・結合器	抵抗分岐素子、方向性結合器	信号の分岐・結合
フィルタ	低域フィルタ、高域フィルタ	周波数成分の抽出、排除
A/D・D/A 変換器	逐次比較型 A/D 変換器	アナログ信号・ディジタル信号の変換
コンピュータ	パーソナル・コンピュータ	データ処理・記憶、制御

路 (transmission line) も計測用素子の1つである．信号レベルを減衰させるためには減衰器 (attenuator, アッテネータ) が，増幅するには増幅器 (amplifier, 略称 アンプ) が必要となる．信号を分岐したり結合するために分岐素子 (splitter) あるいは結合器 (coupler) が用いられる．信号から必要な周波数成分を取り出したり，不必要な周波数成分を取り除いたりする素子として，フィルタ (filter) が使用される．

アナログ信号をディジタル信号に変換するには，アナログ–ディジタル変換器 (analog to digital converter, A/D 変換器) が使われ，逆にディジタル信号をアナログ信号に変換するには，ディジタル–アナログ変換器 (digital to analog converter, D/A 変換器) が使われる．ディジタル化されたデータを処理するためのデータ処理装置 (data processing equipment) として，データ記憶装置として，また計測に必要な各種制御用のコントローラ (controller) としてコンピュータが活用される．

システム (system) は複数の素子や要素が組み合わされて必要な機能を発揮する集合体である．システムという用語はきわめて広い意味で用いられる．たとえば，コンピュータは1つの電子システムであるが，多くのコンピュータを使用し

た大規模なシステムを考えると，個々のコンピュータはそのシステムを構成する要素となる．また，集積回路 (IC) はコンピュータを構成する素子の 1 つであるが，多くのトランジスタにより構成されたシステムでもある．電子計測システム (electronic measurement system) は，いくつかの計測用機器・計測用素子を要素として構成される．電子計測器は電子計測システムの構成要素であるが，また各種の検出器や電子回路などから構成されたシステムでもある．

1.3 電子計測システムの構成例

電子計測システムの基本的な構成についてイメージを得るため，交流電源の周波数と出力電圧を測定する場合について考えてみる．このためには，まず測定したい周波数と電圧に応じた測定器を用意する必要がある．

もっとも簡単な計測システムは，交流電源の出力端子に周波数測定器と電圧測定器を交互に接続するか，もしくはスイッチで切り替える図 1.1(a) のような構成である．この場合，周波数測定器と電圧測定器は，測定対象となる交流電源の周波数と電圧の範囲をカバーするものを選択する必要がある．スイッチを用いる場合には，測定器だけでなくスイッチについても，周波数と電圧の範囲を考慮して使用可能なものを選ばなければならない．

交流電源の周波数と電圧が時間的に変化し，それらの変化を同時に測定しなければならないときには，たとえば図 1.1(b) のような分岐素子を用いた構成とする必要がある．分岐素子としては，周波数と電圧によっては単に導線を接続すればよい場合もあるが，計測用機器相互の干渉を避ける必要性などのため，抵抗で構成された分岐素子や方向性結合器 (directional coupler) などの特殊な素子を用いなければならない場合もある．

周波数測定器と電圧測定器の測定可能範囲が，測定対象となる交流電源の電圧の範囲より狭い場合，減衰器や増幅器を用いてレベルを変える必要がある．たとえば，交流電源の出力電圧が小さく，測定器の感度が十分ではないときは，図 1.1(c) のように増幅器を用いる必要がある．交流電源の周波数が周波数測定器

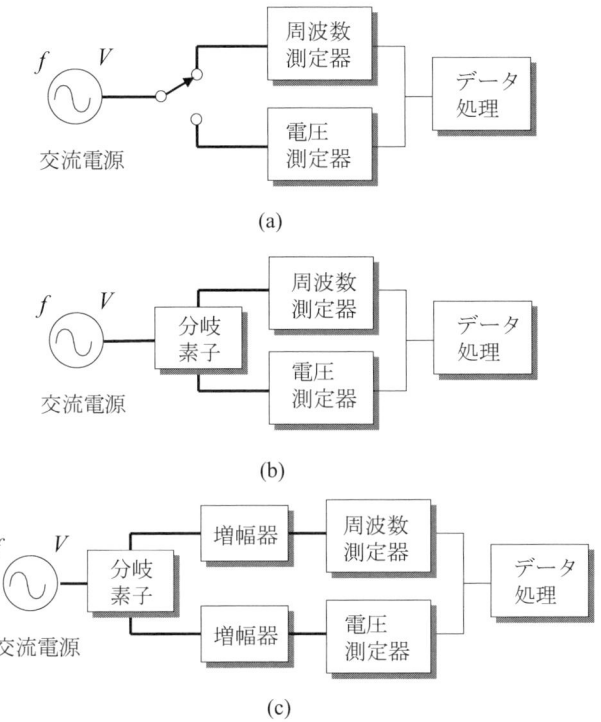

図 1.1 交流電源の周波数と出力電圧の測定

の測定可能範囲の外にある場合には，周波数を変換する必要がある．

　図 1.1 は，自らが電圧や電流を発生する交流電源の出力に関する測定である．一方，自らが電圧や電流を発生しない素子の特性を測定するには，信号源が必要である．たとえば，減衰器の減衰量を測定するためのシステムの一例は，図 1.2 であり，信号源と電力計の間に減衰器を挿入したときの電力計の指示値と，信号源と電力計を直接接続したときの指示値の比をとる．図 1.1 のような計測システムを受動的 (passive，パッシブ)，図 1.2 のような計測システムを能動的 (active，アクティブ) ということがある．

　最終的な測定結果である測定値を確定するためには，測定器から得られたデータに何らかの処理を施さなければならない場合が多い．たとえば，平均値の算出などの統計的処理や，図 1.2 における電力の比をとる計算などである．これらの

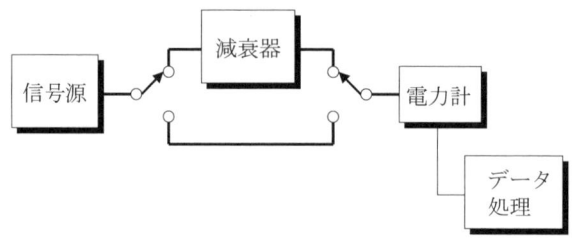

図 1.2　減衰器の減衰量の測定

処理にコンピュータを導入すれば，多様な処理を高速で行うことができる．このとき，測定器の出力は A/D 変換器によってディジタル信号に変換される．図 1.1，図 1.2 では，太い線が (被) 測定量の流れを表し，測定器からデータ処理までの細い線で測定データの流れを表している．

1.4

電子計測の発展

エレクトロニクスの進歩と共に，電子計測技術も大きな発展を遂げ，従来測定できなかった量，測定できなかったレベルの信号の測定が可能になった．これらは，ハードウェアである計測機器と，ソフトウェアである計測方法，データ処理の開発・改良によっているが，ここでは，特に，コンピュータの導入とこれに関連したデータ処理，および周波数範囲の拡大に焦点を当てる．

1.4.1　コンピュータの導入

一般に，計測における作業の流れは図 1.3 のように表すことができる．まず，何をどのような条件で測定するのかを明確にする．次に，計測方法を検討し，必要な計測用機器あるいは計測用素子を選択，用意する．これらを用いて計測システムを構成し，データを処理して，測定値を計算し，その誤差の大きさを評価する．誤差が必要とする精度からみて大き過ぎれば，計測方法や計測用機器の選択をやり直したり，計測システムを再構成したり，データ処理などを検討する．

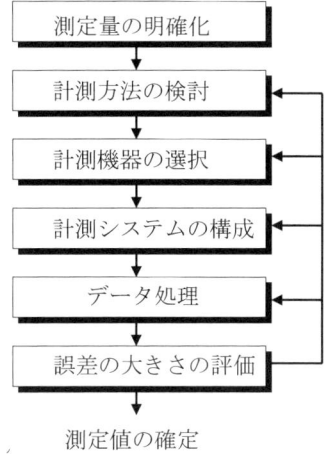

図 1.3　計測の流れ

　計測システムにコンピュータが直接的に (オンラインで) 導入されていなかった時代には, 図 1.3 は手間と時間のかかる作業であった. 現在では, コンピュータは計測において必要不可欠な要素となり, 各種の制御や処理を自動化して図 1.3 の作業を効率的に迅速に行うことができるようになった. そればかりでなく, 計測システムへのコンピュータの導入は, 計測方法にも変革をもたらし, コンピュータ処理あるいは制御が無ければ実現できない計測方法が多く開発されている.

　さらに, コンピュータの小型化は測定器を始めとする計測機器の中に, データ処理機能, 情報処理機能, 制御機能を組み込むことを可能とし, 特に電子計測の分野では, 電子計測器のシステム化が進んだ. すでに述べたように, 電子計測器は電子計測システムの構成要素であると共に, 検出器や電子回路系などから構成されたシステムでもあるが, そのシステムがきわめて複雑化・多機能化したのである. たとえば, 図 1.1 のような計測システムは 1 つの電子計測器として一体化されるようになった.

　このことにより, ユーザーが複雑な計測システムを構成する必要性は小さくなったが, 逆に, 電子計測器の選択, 利用に電子計測システムの知識が必要とされるようになってきた. また, 電気計器などのアナログ測定器により手動で測定

していた時代に比べ,「ディジタル化され処理されて最終的に得られる測定結果は一体どこまで信頼できるのか」といった疑問が増え,測定結果の解釈,評価にも電子計測器の原理や構成に関する詳しい知識が必要となってきている.もちろん,多種類の測定値が必要な大規模な計測システムや,電気量以外の物理量に電子計測を応用する電子応用計測では,それぞれの測定量に応じて特別な計測システムを構成する必要がある.

1.4.2 計測システムにおけるデータ処理

人間の感覚機能では,定量的な情報の取得を行うことはできず,すべての物理量の測定には検出器やセンサが必要である.ある測定量を電圧や電流などの電気量に変換するセンサがあれば,電気量に関しては適切な電子計測器あるいは電子計測システムの利用とデータ処理により精度のよい測定が可能となる.

図 1.4 は,このような計測システムの基本構造を示したものである.まず,測定量をセンサにより電気量に変換する.必要とする測定精度からみて,このセンサが理想的とみなせる性能を持っていれば良いが,多くの場合,非線形性などの不完全な特性を持っている.また通常,この過程で無視できないノイズ (noise, 雑音) が混入する.これらの望ましくない影響を取り除くために,データの処理が行われ,最終的に確定した結果が測定値として表示される.平均値や標準偏差の算出などの統計的な処理も,もちろん重要なデータ処理であるが,最近では,離散的フーリエ変換 (discrete Fourier transform) を用いた周波数領域での処理や,相関関数の計算などディジタル信号処理 (digital signal processing) が行われるようになった.これらは 1.4.1 項で述べたように,計測システムにコンピュータが導入されるようになって初めて実現できるデータ処理である.

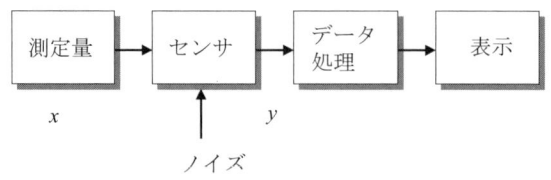

図 1.4 計測システムの基本構造

電子計測において，コンピュータの導入とディジタル信号処理に関連した重要な進歩は，計測のモデル化と逆問題 (inverse problem) としてのデータ処理である．逆問題とは，簡単に言えばシステムの出力から入力を求める問題であり，入力から出力を求める問題を順問題 (forward problem) という．図 1.4 において，測定量を x，センサの出力を y とすれば，データ処理の目的は y から x を求める，すなわち逆問題を解くことになる．このとき，y と x の関係が

$$y = f(x) \tag{1.1}$$

と数学的なモデルで表すことができれば，

$$x = f^{-1}(y) \tag{1.2}$$

とデータ処理を行う (逆問題を解く) ことにより，必要な測定量が得られる．x，y とも複素数であったり，ベクトル量であったりすると，式 (1.2) の逆問題の解を求めることばかりでなく，式 (1.1) のモデル化も困難な場合があるが，電子計測の分野でこのような考え方が成功した代表的な例は，第 5 章で説明するネットワークアナライザである．

もっとも簡単なセンサの特性としては，測定量 x とセンサの出力 y との関係が k を比例定数として

$$y = kx \tag{1.3}$$

と表されるものである．このとき，計測における逆問題を解くには，たとえば $x = 1$ と値がわかった量を入力する．このとき，センサの出力を $y(1)$ とすれば，$y(1) = k$ となるから，以下のように解ける．

$$x = \frac{y}{y(1)} \tag{1.4}$$

このように，値がわかった量を持つハードウェアを標準器 (standard) という．

1.4.3 周波数範囲の拡大

技術の進歩と共に，電子計測が対象とする周波数範囲は徐々に拡大している．たとえば，オシロスコープによって周期波形の観測が可能な周波数は数十 GHz(1 GHz = 10^9 Hz) 以上にも達している．電気信号の周波数が高くなると，電圧や電流の時間的な変化だけでなく，周辺の電界・磁界の空間的な変化も考慮しなけ

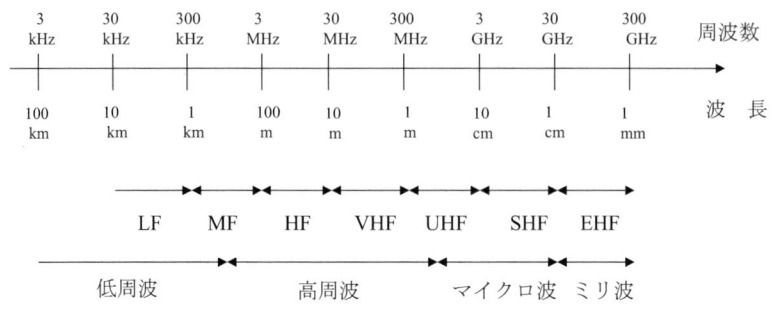

図 1.5　電磁波の周波数と波長

ればならず，波としての性質を持つようになる．このような電気的な波が電磁波 (electromagnetic wave) である．真空中における電磁波の波長 λ と周波数 f の間には以下の関係がある．

$$\lambda = \frac{c_0}{f} \tag{1.5}$$

ここで，c_0 は真空中における光の速さである．図 1.5 は，周波数とこれに対応する真空中の波長の関係を，低い周波数から高い周波数に向かって書いたものである．図に示すように，一定の周波数領域 (周波数帯) には便宜上名前が付けられているが，これは習慣的なもので，別の名前で呼ばれることもあるし，またその範囲が確定していない名前もある．

　一般に，周波数が低く波長が測定の対象となる回路の寸法より十分長い場合と，周波数が高く波長が回路の寸法に近いか，あるいは回路の寸法よりも短い場合では，測定のための手法や技術が異なったものとなる．そのため，本書ではしばしば，直流・低周波と高周波・マイクロ波に分けて計測法やシステムを記述するが，どの周波数までが直流・低周波で，どの周波数からが高周波・マイクロ波であるのかを一律に定義することはできない．その理由は，計測法やシステムは対象となる周波数と回路の寸法に依存するばかりでなく，必要とする測定精度によっても変わるからである．しかし，以下特に記述しない限り，低周波および高周波という用語を広く解釈し，周波数が kHz オーダーを低周波，MHz オーダーを高周波，GHz オーダーをマイクロ波の目安とする．

演習問題 1

1.1 測定と計測，単位と標準について簡単に説明せよ．

1.2 測定値に含まれる誤差の原因として考えられる例を挙げよ．

1.3 1 kHz 以下の交流を測定可能な電圧測定器と 10Hz 以上の周波数を測定できる周波数計がある．これらの計測器を用いて，周波数 50 Hz の交流電圧を測定したいが，図 1.6 のように，周波数の高い雑音 (ノイズ) が混入していることが分った．この状態で，50 Hz の交流電圧の大きさ，および混入雑音の周波数を測定するための計測システムの構成例を示せ．

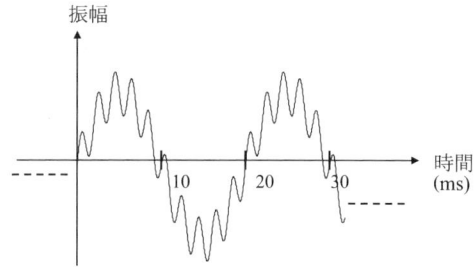

図 1.6

1.4 計測システムにコンピュータが導入されたことにより，何が進歩，変化したか．

1.5 測定量 x とセンサの出力 y の関係が

$$y = a + bx$$

と表されるとき，適当な標準器を仮定して，計測における逆問題を解け．

第2章

測定量の検出

2.1

検出器,センサ

　種々の電気量は,それぞれ達成可能な測定精度が異なっている.現在,もっとも精度よく測定可能な電気量は,電気信号の周波数であり,次いで直流電圧,直流抵抗である.また,直流電流はピコアンペア (10^{-12}A) オーダーのきわめて微小な量の測定が可能である.これらの量については,いずれも使いやすい測定器が市販されている.したがって,他の電気量や電気量以外の物理量をこれらの測定しやすい電気量に変換できれば便利である.このために,検出器や種々のセンサが使われる.検出器,センサの他に,超音波計測などの分野ではトランスジューサ (transducer,変換器) という用語が使われるが,これらの用語に厳密な定義があり明確な使い分けがなされているわけではない.

　測定対象となる物理量はきわめて多く,検出器,センサも多岐にわたる.それらの分類や原理,体系的な取り扱いはセンサに関する教科書において述べられるので,ここでは,電子計測に密接に関連した基本的な量である温度,および電磁気的な量である磁気,交流・高周波電圧,光に関する主な検出器,センサを以下で説明する.

2.1.1 温度

温度 (SI 単位はケルビン，K) [*1] の測定は，電子計測の重要な応用分野であり，また高周波電力の測定のように温度測定が電気量の測定に利用される場合もある．温度を電気量に変換するセンサは，大きく分けて，直流抵抗に変換するもの，直流電圧あるいは直流電流に変換するもの，周波数に変換するものがある．抵抗値の変化によって温度を測定するためのセンサとしては，白金測温抵抗体とサーミスタが主なものであり，直流電圧あるいは直流電流に変換するセンサとしては，熱電対が主なものである．周波数に変換するセンサには，水晶温度センサがある．

(a) 白金測温抵抗体

基本的な構造は，図 2.1 のように，細い白金線を枠に巻いてリード線を接続し外側に保護用の被覆を施したものである．基準となる公称抵抗値は 100 Ω または 200 Ω が普通であり，温度による抵抗値の変化を利用する．白金抵抗値の温度係数は $0.04\ °C^{-1}$ 程度と小さいので，感度はよくないが，温度-抵抗値の直線性がよく温度ごとの基準抵抗値が規格により規定されているので，相対的な温度変化だけでなく，温度の絶対値の測定が可能である．

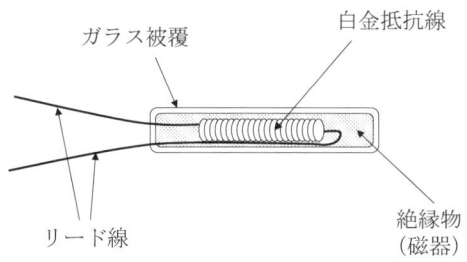

図 2.1 白金測温抵抗体

測定対象となる温度範囲は，種類によって異なるが，低温用で $-200°C$ 程度から，高温用で $500°C$ 程度までのセンサが市販されている．校正された白金測

[*1] 温度 (正確には熱力学温度) の SI 単位はケルビン [K] であるが，通常の使用の便宜を考え，以下セルシュウム度 [°C] で記述する．

温抵抗体を用いた温度計は，実用的な温度標準として用いることができる．

(b) サーミスタ

サーミスタ (thermistor) は鉄 (Fe)，ニッケル (Ni)，マンガン (Mn) などの酸化物を焼結した半導体の温度センサである．白金測温抵抗体は温度と共に抵抗が大きくなるが，サーミスタは逆に温度が上昇すると抵抗値が下がる負の温度特性を持っている．このため，電子回路の温度補償などにも利用される．抵抗値の温度係数は白金測温抵抗体よりも 1 桁以上大きく感度がよいが，直線性は悪い．また，特性のばらつきと経時変化が白金測温抵抗体よりも大きい．サーミスタの測定対象温度範囲は，$-50 \sim 350$°C 程度で，抵抗値は温度により数 $100\Omega \sim$ 数 $100\mathrm{k}\Omega$ と広範囲である．1 つのサーミスタの測定可能温度範囲は 100 °C 程度である．温度特性をそろえ，互換性を高めるために抵抗回路を組み合わせたものはサーミスタ測温体と呼ばれる．

(c) 熱電対

熱電対 (thermocouple) は，2 種類の金属の両端を接合させたとき，接点間に温度差があるとゼーベック効果 (Seebeck effect) により熱起電力が発生することを利用した温度–直流電圧変換センサである．主な金属の組み合わせとしては，クロメル–アルメルや銅–コンスタンタンなどがある．クロメル–アルメル熱電対は 1000 °C 以上の高温まで使用可能である．銅–コンスタンタンは 300 °C 程度以下で使用されるが，蒸着技術により，多数の熱電対を直列に接続したサーモパイル (thermopile，熱電堆) を構成することができる．熱電対は 2 接点の温度差によって起電力が発生するから，温度を測定するためには，図 2.2 のように一方の接点を基準温度 (たとえば 0 °C) に設定する必要がある．しかし，通常の温度計では基準温度を設定することは大変であるので，基準点を室温とし，別のセンサたとえば以下に述べる半導体温度センサを用いて室温変動を補償する方式のものがある．

(d) その他の温度センサ

ダイオードやトランジスタの特性は温度によって変化するために，回路設計

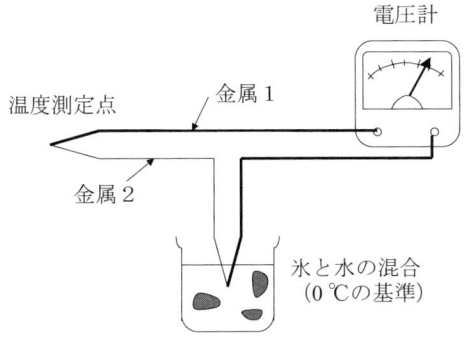

図 2.2 熱電対を用いた温度測定例

にあたっては温度依存性を少なくするバイアス回路が工夫されるが，逆にこの温度依存性を使って温度センサを構成することができる．たとえば，トランジスタのベース–エミッタ間電圧は，$2\,\mathrm{mV/°C}$ 程度の感度で，温度によって大きく変化する．センサ特性の非直線性を補正するための電子回路との整合性もよく，これらを一体化した集積回路センサが製品化されている．

普通の水晶発振器に使われる水晶振動子は温度の変化に対して 10^{-6} 程度しか共振周波数が変化しない．しかし，振動子の材料と結晶の方位を選べば，温度による周波数変化を大きくすることができ，周波数はきわめて分解能のよい精密な測定が可能であることから，水晶温度センサを用いて $10^{-3}\sim10^{-4}\mathrm{°C}$ の分解能を持つ温度測定が可能となる．

2.1.2 磁気

ここでは，時間的に変化しない静磁界 (単位：アンペア毎メートル，A/m) および媒質中の磁束密度 (単位：テスラ，T) を測定するための磁気センサについて述べる．異方性など磁気的に特別な性質を持たない通常の媒質中では，磁界の強さに媒質の透磁率を掛けると磁束密度が得られるので，磁界のセンサと磁束密度のセンサはほとんど同じであると考えてよい．代表的な磁気センサに半導体を用いたホール素子，電磁誘導を利用するコイルがある．

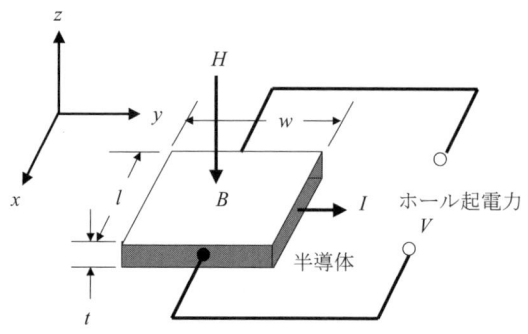

図 2.3 ホール素子

(a) ホール素子

　ゲルマニウム (Ge)，インジウムアンチモン (InSb)，インジウムヒ素 (InAs) などの半導体の薄板を，図 2.3 のように z 方向の磁界 H の中に置き，y 方向に電流 I を流す．移動する電子は，半導体中の磁束密度 B によって x 方向に力を受け，曲がって流れる．この結果，電流密度 J と磁束密度 B の積に比例する x 方向の電界 $E = R_H J B$ が発生する．ここで，R_H はホール係数と呼ばれる物質に固有の定数 (単位：クーロン毎立方メートル，m^3/C) である．この電界によって，電極間に次式で表されるホール起電力 V が得られる．

$$V = R_H \frac{BI}{t} \tag{2.1}$$

ここで，t は半導体板の厚さである．式 (2.1) から分かるように，起電力は半導体板の厚さが薄いほど大きく，また y 方向の幅 w と x 方向の長さ l には関係しない．したがって，たとえば $t = 0.5\,\mathrm{mm}, w = l = 3.0\,\mathrm{mm}$ 程度の小さなセンサを作成することができ，空間の局所的な磁界を測定することができる．

　ホール素子自体は，静磁界を直流電圧に変換するセンサであるが，電流 I を交流電流とすれば，交流の出力電圧が得られ，増幅器を用いて高感度な磁界測定が行える．$10 \sim 10^6$ A/m 程度の強さの磁界が測定できる．

(b) コイル

　コイルに直流電流を流すと静磁界が発生する．しかし，逆に静磁界中にコイ

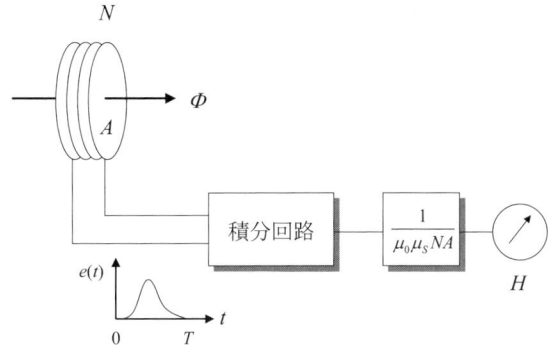

図 2.4 サーチコイルによる磁界測定

ルを置いてもコイルに起電力は発生しない．起電力を発生させるためには，ファラデーの電磁誘導の法則により，コイルの内部を通る (鎖交する) 磁束が時間的に変化しなければならない．図 2.4 のように，巻き数 N，断面積 A のコイルを通る磁束 Φ が変化すると，磁束の時間微分に比例した

$$e(t) = -N\frac{d\Phi}{dt} \tag{2.2}$$

だけの起電力 $e(t)$ が発生する．静磁界の測定において，磁束を時間的に変化させるには，被測定磁界中から磁界の強さが 0 の場所へコイルを引き抜く．このような目的のコイルをサーチコイル (search coil，探りコイル) という．時刻 $t = 0$ にコイルを引き抜き，出力が 0 とみなせるまでの経過時間を T とすれば，磁界 H は起電力 $e(t)$ を積分回路で 0 から T まで積分し，

$$H = \frac{1}{\mu_0 \mu_S N A}\int_0^T e(t)dt \tag{2.3}$$

と計算すれば求めることができる．サーチコイルを引き抜く方法の他に，磁界中で方向を 180°回転させてもよい．この場合，$e(t)$ の積分値は引き抜く方法の 2 倍となる．測定可能な磁界の強さは $10^{-2} \sim 10^6$ A/m 程度である．サーチコイルの他に，コイルを用いて高い感度で磁界を測定する装置として，被測定静磁界に交流磁界を重畳させる磁気変調器 (magnetic modulator) を用いたフラックスゲート (flux gate) 型磁束計があり，10^{-4} A/m 以下の磁界測定が可能である．

2.1.3 交流・高周波電圧

交流あるいは MHz オーダー以上の高周波電圧を直流に変換するためのセンサとしては，ダイオード (diode) を用いた整流型センサと，交流・高周波をいったん熱に変換して温度センサを用いる熱型センサが主なものである．

(a) 整流型センサ

低周波から MHz オーダーの高周波電圧の振幅を直流に変換するための整流型センサには，ほとんど半導体の pn 接合を利用したダイオードが用いられる．ダイオードは図 2.5 の太い実線のように，順方向に電圧が加えられたときの抵抗が 0 で，逆方向に電圧が加えられたときの抵抗が無限大となることが理想であるが，実際には破線のように順方向で低抵抗，逆方向で高抵抗となる特性を持つ．また，それらの抵抗値は電流の大きさによって変化する非線形な特性を持っている．基本的な整流回路としては，交流から直流電源を得るための電源回路と同様であり，図 2.6 のように，半波整流回路と全波整流 (または両波整流) 回路がある．出力側に接続される回路の特性によっては，コンデンサと抵抗による CR 積分回路により出力電圧の変動を減少させる．全波整流回路は必要なダイオードの数が多いが半波整流回路よりも整流性能にすぐれており，直流電流計を用いて交流電流計を構成する場合によく用いられる．

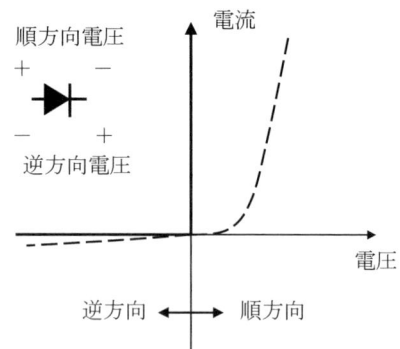

図 2.5 ダイオードの電圧–電流特性

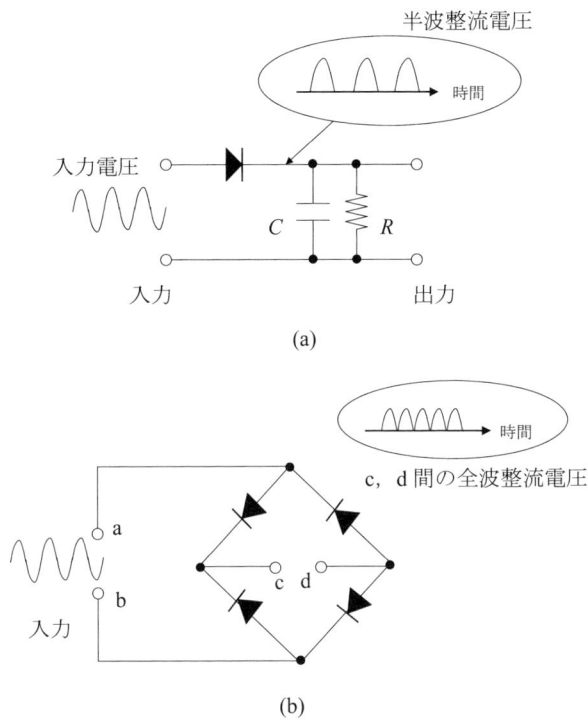

図 2.6 ダイオードによる整流回路

ダイオードは pn 接合部にキャパシタンスを持っているため，周波数が高くなると使用できなくなる．GHz オーダーのマイクロ波領域での測定においては，クリスタルダイオード (crystal diode，鉱石検波器) がしばしば使用される．

クリスタルダイオードは，シリコン (Si) やゲルマニウム (Ge) などの半導体の表面にタングステンなどの金属の針 (タングステンウィスカ) を接触させた構造を持ち，針と半導体の接触部の面積が小さいため数十 GHz 以上のきわめて高い周波数領域まで使用できる．図 2.7 に，シリコンを用いた同軸カートリッジ型クリスタルダイオードの構造例を示す．

この他に，マイクロ波以上の周波数で使用可能なダイオードとしては，金属と半導体の接合部を持つショットキー障壁ダイオードがある．3.2 節で述べるよ

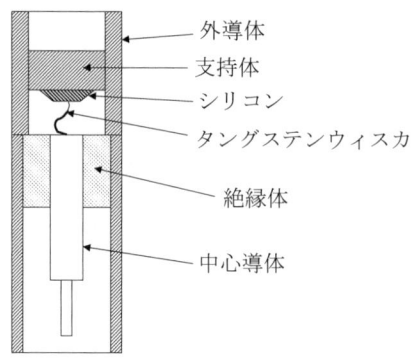

図 2.7 同軸カートリッジ型クリスタルダイオード

うに，高周波では，主として信号を伝送するための伝送線路として，同軸線路が用いられる．実際に同軸線路とダイオードを組み合わせるときには，インピーダンスを適切な値としダイオードでの反射が小さくなるような工夫が必要となる．

(b) 熱型センサ

熱型センサは主として MHz から GHz 帯におけるセンサとして用いられる．温度センサと同様にサーミスタと熱電対が代表的なものである．サーミスタのように，抵抗値が温度によって変化する素子は，交流電流をサーミスタに流して温度を上昇させれば，交流を抵抗値に変換するセンサとなる．高周波用としては主として図 2.8 のように，金属酸化物半導体をガラス層の中に閉じ込めた直径 0.5 mm 以下の微小な素子 (ビードサーミスタ) が用いられる．

サーミスタは温度係数が負，すなわち温度上昇にしたがって抵抗値は減少するが，温度係数が正となる $1\sim2\,\mu$m 程度のきわめて細い金属線 (白金が多い) を用いたセンサが用いられることもあり，バレッタと呼ばれる．サーミスタとバレッタのように，高周波の電力によって抵抗値を変化させるサンサを一括してボロメータ素子 (bolometer element) あるいは単にボロメータ (bolometer) と呼ぶ．線路にボロメータを装着し，反射が小さくなるような構造を持つセンサは，ボロメータユニット (bolometer unit) と呼ばれる．

熱電対を用いた熱型センサでは，抵抗に交流電流を流して温度を上昇させ，こ

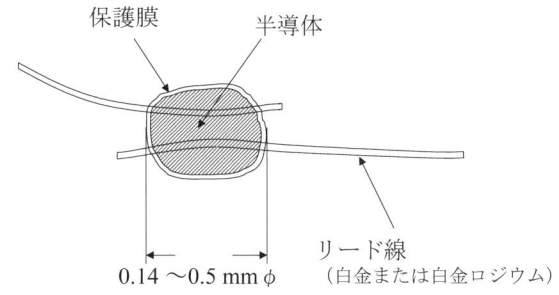

図 2.8 ビードサーミスタの構造

の温度変化を熱電対で起電力に変え，直流の出力電圧を得る．低周波からマイクロ波までの広い周波数範囲における熱型センサとして利用されており，抵抗における交流と直流に対する熱特性を同一となるように工夫すれば，交流電力を直流電力で測定 (直流置換) するために使用できる．

2.1.4 光

光センサは大きく，フォトダイオードや光電子増倍管などの光電型センサとサーモパイルや焦電検出器などの熱型センサに分けられる．

(a) 光電型センサ

半導体を用いた光センサとして，光導電効果を利用した光導電セル (photo-conductive cell) とフォトダイオード (photodiode) がある．光導電セルは半導体にその禁制帯幅以上のエネルギーを持つ波長の光が照射されると，自由キャリアが発生し，その抵抗が変化することを利用したセンサである．有名なものは硫化カドミウム (CdS) を用いたセンサで，波長 $0.5 \sim 0.6\,\mu m$ 程度の可視光に対して高い感度を有するため，カメラの露出計や街灯の自動点灯装置などに広く利用されている．

フォトダイオードは逆バイアスされた pn 接合に光を照射すると，空乏層内に自由キャリアとなる電子と正孔の対が形成され，電界によって移動して電流が流れる光起電力効果を利用したものである．代表的な半導体は，シリコン (Si)，ゲル

マニウム (Ge),インジウム–ガリウム–ヒ素 (InGaAs) などであり,図 2.9 のように,それぞれ感度のよい光の波長が異なる.この図の縦軸の量子効率 (quantum efficiency) とは,単位時間あたり入射光子 (photon) 1 つに対して,いくつの電子を発生するかを表す値である.

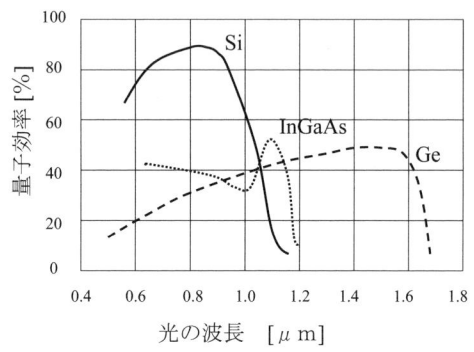

図 2.9 各種フォトダイオードの波長-感度特性

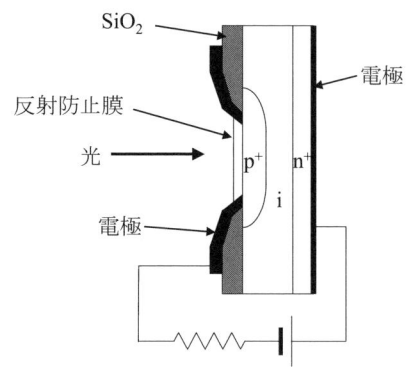

図 2.10 pin フォトダイオードの構造例

実際に使用される多くのフォトダイオードでは,図 2.10 のように,応答速度を速くするために p 型と n 型の半導体の間に i 層と呼ばれる真性半導体の層をはさんで i 層で光を吸収させる pin 構造をとっている.受光面積が 1 mm^2 以下のフォトダイオードでは 1 GHz 以上の周波数帯域幅が得られる.また,pin フォ

トダイオードは，入力光パワーに対する出力電流の直線性がよく，高感度の光パワーメータ用のセンサとして用いられる．ただし，光パワーの絶対値を校正するためには，後述の熱型センサを用いなければならない．

　フォトダイオードの逆バイアスを大きくし，空乏層内の電界を強くすると，光によって発生したキャリアが加速され，原子との衝突によって新たな電子–正孔対を発生する．この衝突電離 (impact ionization) によって発生したキャリアがまた別の原子との衝突電離によって電子–正孔対を発生し，ねずみ算的にキャリアが増加していく．この現象をなだれ増倍 (avalanche multiplication) といい，このなだれ増倍を利用したフォトダイオードを，アバランシェフォトダイオード (Avalanche PhotoDiode：略称 APD) という．アバランシェフォトダイオードは，それ自身 100 倍から 1000 倍程度の増幅効果を持ち，高感度な光の検出が行える．

　金属の表面に，そのポテンシャル障壁以上のエネルギーを持つ光が当たると，光電効果 (photoelectric effect) により，電子が放出される．したがって，この現象を光センサに利用できる．実際には，放出された電子に電界をかけて加速し，別の金属に当てて 2 次電子を放出させる．このことを順次繰り返せば，アバランシェフォトダイオードと同様に，増幅効果を持った高感度な光センサが得られる．このような光センサを光電子増倍管 (photomultiplier：略称 フォトマル) という．光電子増倍管は，100 万倍程度の大きな増幅効果を持つきわめて高感度な光センサであるが，光電子放出の原理から主として可視光より波長の短い光の検出に用いられる．

(b)　熱型センサ

　光を吸収体によって熱に変えれば，温度センサとしてのサーミスタや熱電対を用いて光センサを作ることができる．このような熱型光センサは，波長依存性の小さな光吸収体を用いれば，赤外光から可視光さらには紫外光までを連続的にカバーできる．また，光パワーを直流電力で置き換えて測定 (直流置換) すれば，光パワーの絶対値の測定も可能となる．原理上，感度が低いことが欠点であるが，熱電対を複数個直列接続したサーモパイルを用いた光センサは，比較的高感度であり，光パワーメータ用としてよく用いられる．

TGS(TriGlycine Sulphate) や PbTiO$_3$ などの結晶では，温度変化により，その自発分極が変化し，外部電極間に起電力が発生する．この現象を焦電効果 (pyroelectric effect)，焦電効果を用いた光センサを焦電型光センサという．焦電型光センサは原理的に，温度ではなく温度変化に対して出力電圧が得られるため，連続光を検出するためには光を周期的に ON-OFF させるチョッパ (chopper) が必要であるが，熱型光センサの中では高感度であり，赤外光のセンサとしてよく用いられる．最近では，ポリフッ化ビリニデン (PVF$_2$) などの高分子材料を用いた焦電型光センサが開発されている．

2.2

センサの等価回路

あるセンサを電子回路と組み合わせたり，あるいは電子計測器に接続したりして実際に測定に利用するためには，そのセンサの詳細な原理や内部構造よりも，入力となる物理量と出力との関係を表す電気的な特性が必要となる．このような入出力の関係を表すものがセンサの等価回路 (equivalent circuit) である．センサの入力すなわち測定量は多岐に渡るが，前節で説明したようなセンサの出力としては，水晶温度センサなどの特殊なものを除けば，抵抗，電圧，電流が主なものである．

2.2.1 抵抗変換型

白金測温抵抗体，サーミスタ，バレッタなどの温度センサ，これらを利用した高周波，マイクロ波，光のセンサ，光導電セルなどの出力は抵抗値である．これらのうち，温度による抵抗値の変化を検出するセンサは，一般に応答速度が低いので，図 2.11 のように抵抗のみの等価回路で表される．ここで，$R(T)$ は温度 T におけるセンサの抵抗値，r_1, r_2 はリード線の抵抗値を表している．抵抗値によって温度の絶対値を測定しようとする場合は，リード線の抵抗が問題となる．

白金測温抵抗体では，温度変化の範囲がそれほど広くなければ，温度 T_0 のときの抵抗値 R_0 を基準として，

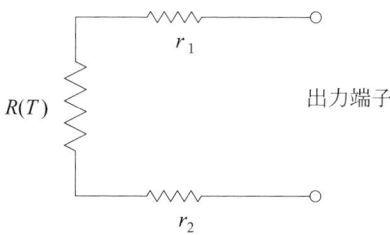

図 2.11 温度による抵抗値の変化を検出するセンサの等価回路

$$R(T) = R_0\{1 + \alpha(T - T_0)\} \tag{2.4}$$

と線形に表すことができる．ここで α は白金固有の温度係数で，約 3.47×10^{-3} [1/°C] である．白金測温抵抗体では，温度に対する抵抗値が表として与えられ，$-200\sim100$ °C の範囲では ±0.15 °C 以内の誤差で温度の絶対値を測定することが可能であり，各種の温度センサの中ではもっとも誤差が小さい．ただし，このような高精度の測定を行うには，図 2.11 のリード線の抵抗値 r_1, r_2 の影響を取り除く必要がある．よく用いられる方法は，図 2.12 のように 3 線式のブリッジ測定であり，$r_1 = r_2$ であれば，その影響がキャンセルされる．より精密な測定では，図 2.13 のように 4 線式の電圧・電流測定を行う．

一方，サーミスタにおける温度と抵抗の関係は以下のように近似でき，温度の上昇にしたがって抵抗値が低下する負の温度特性を持っている．

$$R(T) = R_0 \exp\left\{B\left(\frac{1}{T} - \frac{1}{T_0}\right)\right\} \tag{2.5}$$

ここで，B はサーミスタ係数と呼ばれる定数で，一般に $2\times10^3\sim6\times10^3$°C 程度の値である．したがって，室温付近ではサーミスタの温度係数は白金測温抵抗体の 10 倍程度となり，高感度な温度センサといえる．しかし，サーミスタ係数は材料や構造によって異なるため，温度の絶対値を測定する目的では，白金測温抵抗体の方が便利である．交流・高周波電圧の検出・測定に用いられる金属線を用いるバレッタの温度–抵抗特性は，白金測温抵抗体とほぼ同様である．

温度センサを利用した高周波，マイクロ波，光のセンサでは，最終的には入力を高周波，マイクロ波，光とし，出力を抵抗値とした等価回路が必要となる．

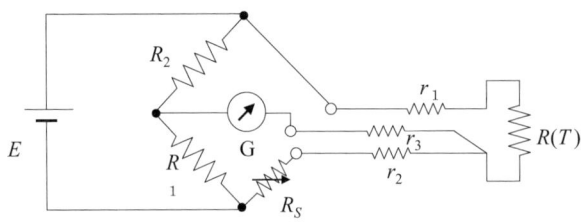

図 2.12　3 線式ブリッジによるセンサの抵抗測定

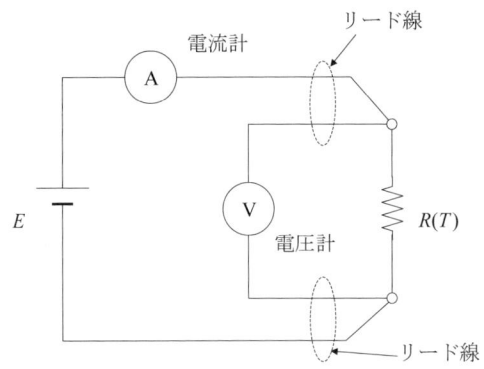

図 2.13　4 線式電圧・電流測定によるセンサの抵抗測定

それらの測定量と温度変化との間が単純な線形の関係で表すことができない場合は，これまでの温度と抵抗に関する等価回路に加えて，それぞれの測定量を入力とし，温度を出力とする等価回路を別途考えなければならない．しかし，それらの等価回路は個々の測定量によって異なるため，センサの等価回路として統一的に表すことは困難である．

光導電効果を利用した光導電セルは，温度による抵抗値の変化を利用しているのではなく，光 (光子) による電子–正孔対の発生という量子効果を利用している．したがって，応答が速く，ピコ秒 (10^{-12} s) オーダーの超短光パルスの測定にも用いられる．このような高速現象の測定では，光導電セルは単に抵抗等価回路で表すことはできず，たとえば図 2.14 に示すように，光導電セルやリード線のキャパシタンス C，インダクタンス L を考慮しなければならない．これら

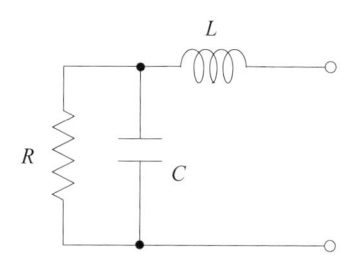

図 2.14　光導電セルの等価回路の例

のキャパシタンス，インダクタンスが応答速度の限界を決めたり，測定誤差の原因となったりする．

2.2.2　電圧・電流変換型

熱電対，ホール素子，サーチコイル，クリスタルダイオード，フォトマル，フォトダイオード，焦電型光センサなどの出力は電圧あるいは電流である．一般に，これら電圧・電流変換型のセンサは，直流入力と交流入力の両方に応答するが，コイルを用いた磁気センサや焦電型光センサは交流入力にのみ出力が得られる．これらの電圧・電流変換型のセンサは，直流入力あるいは正弦波の交流入力に対しては近似的に図 2.15 (a) のテブナン (Thevenin) の等価回路，あるいは同図 (b) のノートン (Norton) の等価回路によって表すことができる．

図 2.15 において，(a) のテブナンの等価回路で，E_0 は内部インピーダンスが 0 の理想的な電圧源の振幅，Z はセンサの等価内部インピーダンス，(b) のノートンの等価回路で，I_0 は内部インピーダンスが無限大の理想的な電流源の振幅，Y はセンサの等価内部アドミタンスである．これらの等価回路は以下のように相互に変換することが可能である．

$$I_0 = \frac{E_0}{Z} \tag{2.6}$$

$$Y = \frac{1}{Z} \tag{2.7}$$

したがって，センサごとにテブナンの等価回路あるいはノートンの等価回路の

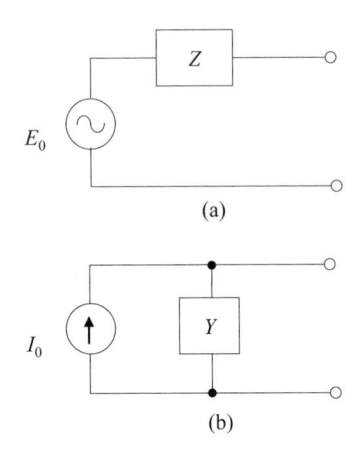

図 2.15　テブナンの等価回路 (a) とノートンの等価回路 (b)

どちらか片方でしか表せないのではなく，両方で表すことができる．一般的には，センサの内部インピーダンスが低い場合は電圧源を用いてテブナンの等価回路で，内部インピーダンスが高い場合は電流源を用いてノートンの等価回路で表す．

　電圧源，電流源の振幅は，入力の測定量に単純に比例するとは限らない．この場合は，抵抗出力の等価回路と同様に，それぞれの測定量と電圧源あるいは電流源の大きさとの関係を別途考えなければならない．また，図 2.15 のような単純な等価回路では表されない場合もある．このような場合も，正弦波の交流入力に対してはテブナンの定理 (Thevenin's theorem) またはノートンの定理 (Norton's theorem) により形式的には図 2.15 (a) あるいは (b) の等価回路に変換することができるが，電圧源，電流源の振幅が回路定数の関数となる．

　たとえば，フォトダイオードの内部インピーダンスは高く，電流源を用いて表す方が便利である．また，電流源の振幅 I_0 は入力光パワー P_{in} にほぼ比例し，その等価回路は近似的に図 2.16 (a) のように表すことができる．

　ここで，k は入力光パワーと電流源振幅の間の比例定数，R_P は pn 接合部の内部抵抗，C_P は接合部の等価容量，R_S は半導体と電極の直列抵抗である．この等価回路 (a) は，ノートンの定理により，(b) のように変換することができる．ここで ω は光の強度変化の角周波数である．フォトダイオードの応答速度

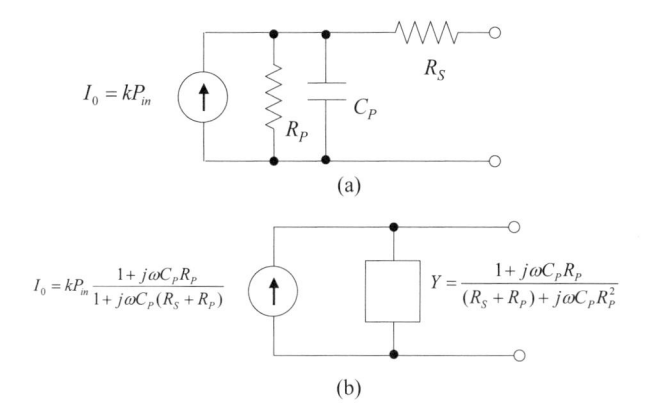

図 2.16　フォトダイオードの等価回路

に関しては，主にキャリアの移動時間と接合容量 C_P が問題となる．通常のフォトダイオードの受光面積では，応答速度は接合容量と内部抵抗の時定数により決まる．

実際には，センサには外部からさまざまな雑音が混入する．また，センサの内部抵抗からは熱雑音が発生する．信号対雑音比 (Signal to Noise Ratio : SN 比) など計測系における測定限界を考える場合には，このような雑音を別途，電圧源あるいは電流源で表して等価回路に加える．

演習問題 2

2.1　温度センサが電子計測において重要である理由を説明せよ．

2.2　温度センサを 3 種類あげ，それぞれの特徴を述べよ．

2.3　ホール起電力 V が式 (2.1) となることを示せ．ホール係数 R_H の単位がクーロン毎立方メートル，m^3/C となることを示せ．厚さ $t = 0.4$ mm のホール素子に，電流 1 mA を流し，1.0×10^5 [A/m] の磁界を加えたところ，1 mV の電圧が発生した．ホール係数はいくらか．ただし，ホール素子の半導体の比透磁率は 1 とする．

2.4 交流磁界の強さを測定する方法を考えよ．

2.5 図 2.6 の全波整流回路の動作を説明せよ．

2.6 3 線式ブリッジによる抵抗測定で，リード線の抵抗値 r_1, r_2 の影響が，$r_1 = r_2$ であれば軽減できることを説明せよ．
4 線式の電圧・電流測定による抵抗測定で，リード線の抵抗値の影響が無視できるためには，どのような条件が必要か．

2.7 ボロメータを用いて交流電力を直流電力で置換測定する場合には，どのようなことに注意しなければならないか．

2.8 どのようにすれば微小な光パワーの絶対値を測定できるか．

2.9 テブナンの等価回路とノートンの等価回路は，式 (2.6)，(2.7) によって相互に変換することが可能であることを示せ．

2.10 図 2.16 (a) のフォトダイオードの等価回路は，ノートンの定理により，同図 (b) のように変換できることを示せ．

第3章
測定量の伝送と変換

3.1
伝送線路と接続

3.1.1 電圧波・電流波と特性インピーダンス

　直流や低周波では，回路の配線に用いられる導線や機器を接続する線路 (ケーブル) は，異なる端子を同電位にしたり端子間に電流を流すために用いられ，通常，導線自身が電気信号に影響を与えたり何らかの変換を行ったりするものであるとは考えない．たとえば，図 3.1 に示すように，周波数 f の電源と負荷インピーダンス Z が，2 本の完全導体で作られた導線で接続されている場合を考える．低周波では，ある瞬間の異なる位置での電圧 V_1 と V_2 は等しいとみなす．このように，抵抗，コンデンサ，コイルなどの素子に電気的な機能が集中していると考えた回路を集中定数回路 (lumped constant circuit) という．

　しかし，通常 MHz オーダー以上の高周波・マイクロ波領域においては，回路の配線自体がインダクタンスやキャパシタンスを持つ分布定数回路 (distributed constant circuit) として考えなければならない．また，回路や機器間の信号伝送に用いる線路も分布定数回路として考える必要があり，これを伝送線路 (transmission line) と呼ぶ．伝送線路の各位置での電圧や電流は，同一時刻でも異なった値をとる．

　図 3.2 に示すように，2 つの導線からなる伝送線路において周波数 f の電源

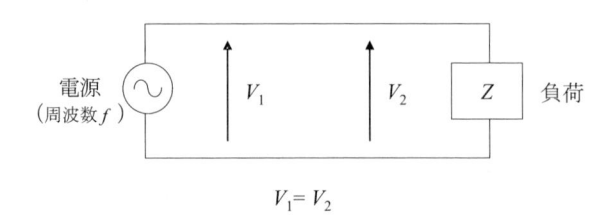

図 3.1 低周波回路における電圧

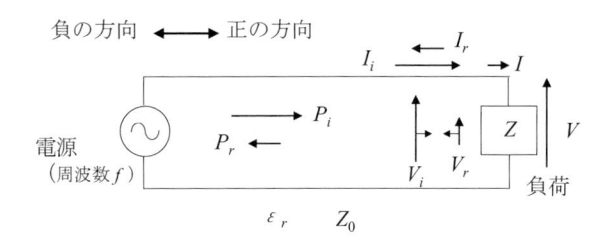

図 3.2 伝送線路における電圧，電流，電力

が作る電圧，電流は，それぞれ正負の方向に進む2つの電圧 V_i, V_r，2つの電流 I_i, I_r に分解することができる．これらの電圧，電流はその振幅が場所と時間で周期的に変化する，すなわち「波」であり，いずれも振幅と位相を持つ複素数である．伝送線路のある点における電圧 V，電流 I は以下のように，正負の方向に進む電圧，電流の和と差で表すことができる．

$$\left.\begin{array}{l} V = V_i + V_r \\ I = I_i - I_r \end{array}\right\} \tag{3.1}$$

ここでは，電圧の値，電流の値とも実効値であるとする．

以下では，すべて導線は完全導体で抵抗は 0，すなわち無損失であり，かつ伝送線路の形状は波の進行方向に関して均一であるものと考える．上記の電圧波，電流波の進む速さは，伝送線路の周囲が真空であれば真空中の光速 c_0 に等しいが，周囲が比誘電率 ε_r の媒質であれば以下の u のように，遅くなる．

$$u = \frac{c_0}{\sqrt{\varepsilon_r}} \tag{3.2}$$

したがって，電圧波，電流波の波長 λ は，以下のように，短くなる．

$$\lambda = \frac{u}{f} = \frac{c_0}{f\sqrt{\varepsilon_r}} \tag{3.3}$$

同一方向に進む電圧波の振幅と電流波の振幅との比

$$Z_0 = \frac{|V_i|}{|I_i|} = \frac{|V_r|}{|I_r|} \tag{3.4}$$

を特性インピーダンス (characteristic impedance) といい，伝送線路の重要な特性である．特性インピーダンスは線路の構造と媒質の比誘電率 ε_r によって決まる．名称は特性インピーダンスであるが，この値は実数，すなわち純抵抗である．これは，伝送線路が無損失でかつ進行方向に均一であると仮定したことによる．

正の方向に進む電圧 V_i，電流波 I_i に，負の方向に進む電圧波 V_r，電流波 I_r に，それぞれ対応して，正の方向に進む電力 P_i と負の方向に進む電力 P_r が以下のように計算できる．

$$P_i = \mathrm{Re}\,(V_i I_i^*) = \frac{V_i V_i^*}{Z_0} \tag{3.5}$$

$$P_r = \mathrm{Re}\,(V_r I_r^*) = \frac{V_r V_r^*}{Z_0} \tag{3.6}$$

ここで，Re は実数部を意味し，* は複素共役をとることを示している．[*1]

3.1.2 反射係数と定在波比

無損失の伝送線路においては，任意の負荷のインピーダンスを，実数の特性インピーダンスで割って規格化することがよく行われる．この値を正規化インピーダンス (normalized impedance) あるいは規格化インピーダンスという．図 3.2 に示したように，特性インピーダンス Z_0 の線路に，抵抗 R とリアクタンス X からなるインピーダンス $Z = R + jX$ の負荷が接続されている場合，正規化インピーダンス z は

$$z = \frac{Z}{Z_0} = r + jx \tag{3.7}$$

となる．$r = R/Z_0$ を正規化抵抗，$x = X/Z_0$ を正規化リアクタンスといい，いずれも無次元量である．

[*1] 電圧，電流を実効値ではなく最大値で表したときは，式 (3.5), (3.6) に係数 1/2 が付く．

$Z = Z_0$ のときは,負荷に正の方向から入射した電力 P_i はすべて負荷において消費される.これをインピーダンス整合 (impedance matching) 状態あるいは単に整合 (matching) 状態という.$Z \neq Z_0$ のときは負荷に入射する電力の一部あるいは全部が負の方向に反射される.反射電圧波 V_r と入射電圧波 V_i との比 Γ を電圧反射係数 (voltage reflection coefficient) あるいは単に反射係数 (reflection coefficient) という.反射係数と正規化インピーダンスの間には,以下のような関係がある.

$$\Gamma = \frac{V_r}{V_i} = \frac{z-1}{z+1} \tag{3.8}$$

入射電圧波と反射電圧波は一般に振幅だけでなく位相も異なるので,反射係数 Γ は複素数である.マイクロ波のように高い周波数領域では,負荷に加わる電圧と流れる電流の比で定義されるインピーダンスの値を直接測定することが困難になってくる.このような場合は,反射係数が測定される.反射係数の測定値と式 (3.8) から正規化インピーダンス z を計算し,特性インピーダンス Z_0 の値がわかれば,$Z = z \cdot Z_0$ としてインピーダンスの値が求まる.

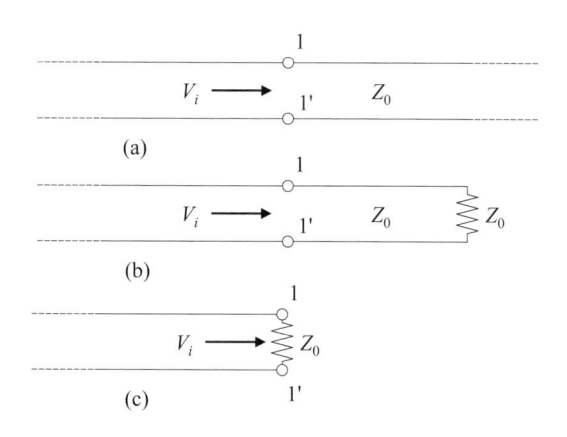

図 3.3 伝送線路における反射と負荷インピーダンス

図 3.3 (a) のように無限の長さを持つ特性インピーダンス Z_0 の伝送線路の端子 1-1′ に電圧波 V_i が入射した場合,反射は生じない.また,同図 (b) のように,実数の特性インピーダンスと等しい負荷で終端されている場合も反射は生

じない．(b) の端子 1-1′ から負荷側を見たインピーダンスは Z_0 である．すなわち，図 3.3 (a)，(b)，(c) は端子 1-1′ から負荷側を見る場合，すべて等価である．これらのことから，図 3.4 のように，特性インピーダンス Z_{01} の伝送線路と特性インピーダンス Z_{02} の伝送線路とを接続すると，接続点で

$$\Gamma_1 = \frac{Z_{02} - Z_{01}}{Z_{02} + Z_{01}} \tag{3.9}$$

の反射が生じることが分かる．

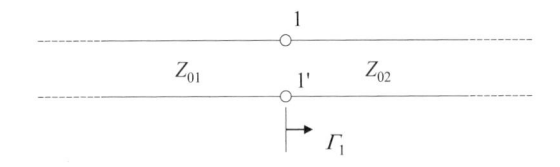

図 3.4 異なる伝送線路の接続

伝送線路の特性インピーダンスと負荷のインピーダンスが異なり，反射があると，入射電圧波と反射電圧波は，線路において干渉し，図 3.5 のような電圧定在波 (standing wave) を形成する．このとき，定在波の振幅の最大値 V_{max} と最小値 V_{min} の比 ρ を電圧定在波比 (Voltage Standing Wave Ratio : VSWR) あるいは単に定在波比 (standing wave ratio) と呼ぶ．定在波比は 1 以上の値をとる無次元量であり，反射係数の大きさとは以下のような関係がある．

$$\rho = \frac{V_{\max}}{V_{\min}} = \frac{1 + |\Gamma|}{1 - |\Gamma|} \tag{3.10}$$

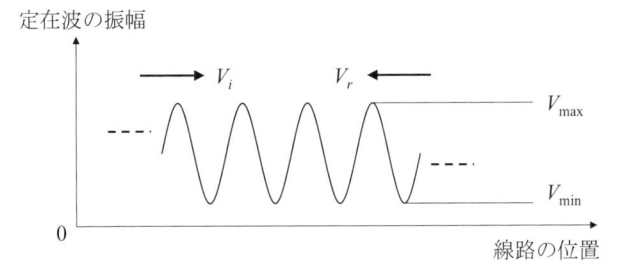

図 3.5 伝送線路における定在波

以下に，インピーダンス，正規化インピーダンス，反射係数，電圧定在波比の関係の例を3つ示す．

インピーダンス Z	正規化インピーダンス z	反射係数 $\varGamma$	電圧定在波比 ρ
0	0	-1	∞
∞	∞	$+1$	∞
Z_0	1	0	1

ところで，素子の間を接続する2本の導線があったとき，図3.1に示すような単なる配線とみなすことができるのか，それとも図3.2のような伝送線路として考えなければいけないのかは，簡単には決まらない．たとえば，2本の導線間の電圧を測定しようとするとき，厳密には，すべて伝送線路として考えるべきであるが，導線の長さが式 (3.3) の波長 λ に比べて十分短ければ，すべての位置における電圧を等しいとみなすことができるのである．具体的にどの程度短ければよいかは，必要とする測定精度に依存する．インピーダンスを測定しようとする場合なども同様である．

3.2

同軸線路と同軸コネクタ

3.2.1 同軸線路

高周波・マイクロ波用の伝送線路としては，図3.6に示すような，平行2線線路 (two-wire line)，同軸線路 (coaxial line)，マイクロストリップ線路 (microstrip line) が代表的なものである．このうち，マイクロストリップ線路はその構造上，プリント基板上の素子間の接続など，短い距離の伝送に使用される．平行2線線路は，外部の状態によって線路の特性が変化しやすいなどの欠点がある．

同軸線路は，円筒状の外部導体の中心に内部導体 (中心導体) があり，その間を誘電体で絶縁した伝送線路である．図3.7に示すように，外部導体を被覆するなどして，実際に使用できる状態にした同軸線路は，同軸ケーブルとも呼ばれる．同軸線路は，曲げやすいフレキシブルな構造を作りやすく，線路の接続のために用いられるコネクタの着脱も便利に行える．これらのことから，高周波・

3.2 同軸線路と同軸コネクタ　37

(a) 平行2線線路

(b) 同軸線路

(c) マイクロストリップ線路

図 3.6　各種の伝送線路

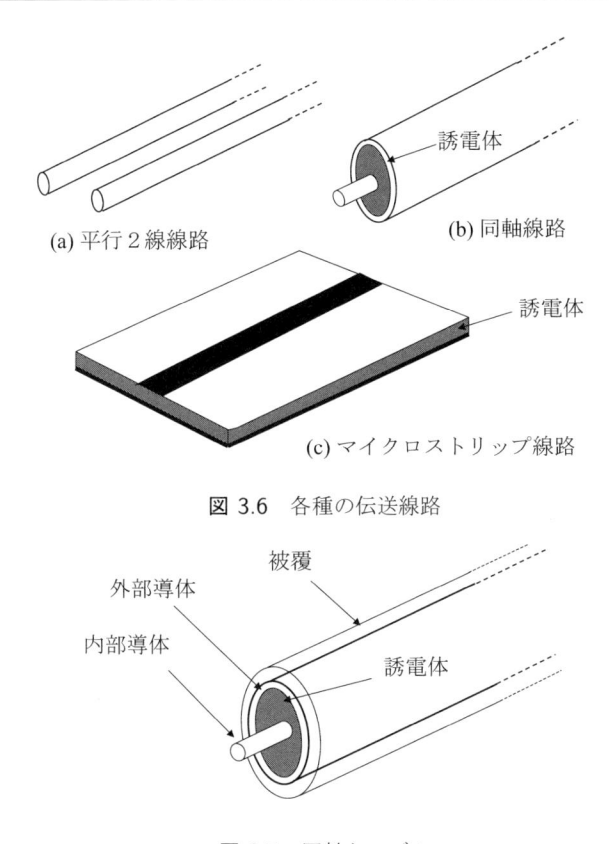

図 3.7　同軸ケーブル

マイクロ波領域の測定では，伝送線路として主として同軸線路が用いられる．実際に使用される同軸ケーブルは，図 3.7 のような構造の他，外部導体を 2 重にして特性を改善したもの，外部導体に軟銅管を用いたセミリジッド・ケーブルなどがある．

同軸線路の特性インピーダンス Z_0 は，以下のように表される．

$$Z_0 = \frac{1}{2\pi}\sqrt{\frac{\mu}{\varepsilon}}\ln\left(\frac{D}{d}\right) \tag{3.11}$$

ここで，ln は自然対数を表し，図 3.8 に示すように，D と d は，それぞれ同軸線路の外導体の内径，内導体の外径，μ と ε はそれぞれ同軸線路の外導体と内

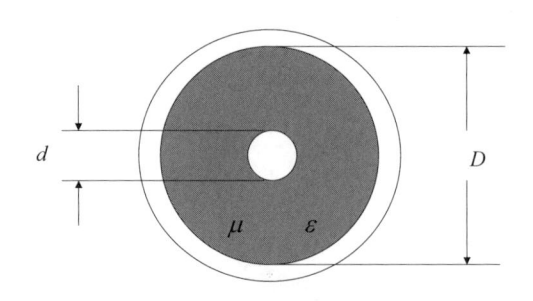

図 3.8 同軸線路の断面形状

導体の間に充填された物質の透磁率，誘電率である．

特性インピーダンスの値は，導体の電気抵抗による伝送損失や機械的強度を考慮して 50 Ω あるいは 75 Ω が一般的である．特性インピーダンス 75Ω の同軸ケーブルは，アンテナのフィーダーなどに用いられるが，高周波・マイクロ波回路の特性を測定する場合には，慣習的に，ほとんど 50 Ω の同軸線路が用いられる．

同軸線路の使用可能周波数の理論的上限は，高次モード遮断周波数である．高次モード遮断周波数とは，その周波数以下では同軸線路に本来伝わるべきモード (mode，電磁界の分布) 以外のモードが伝送不可能となる周波数であり，以下のように表される．

$$f_c = \frac{2c}{\pi\sqrt{\varepsilon_r}\,(d+D)} \tag{3.12}$$

ここで，c は真空中の光速，ε_r は同軸線路に充填された誘電体の比誘電率である．式 (3.12) から，同軸線路が細くなるほど使用可能な周波数が高くなることが分かる．

3.2.2 同軸コネクタ

測定対象と計測器や各種の素子，装置間の接続には同軸線路が多用されるが，同軸線路どうしを接続するために同軸コネクタが不可欠である．同軸コネクタに反射や損失があると，測定誤差の要因となるため，高精度の測定を行うには性能のすぐれた同軸コネクタが要求される．同軸コネクタは，接続すべき同軸線

路の寸法や特性によって多くの種類が規格化・製品化されている．高周波・マイクロ波用の同軸コネクタは，反射を抑えるために，同軸コネクタ部の特性インピーダンスと同軸線路の特性インピーダンスが同一になるように設計される．しかし，実際には内部導体を支える支持体などの影響で，使用周波数が高くなるにしたがって反射が大きくなる．一対の同軸コネクタを接続したときの反射の大きさを定在波比で表した値を残留定在波比 (residual standing wave ratio) という．同軸コネクタの使用可能周波数の上限は，式 (3.12) よりも，実際には多くの場合，残留定在波比によって抑えられる．したがって，同軸コネクタの電気的特性としては，特性インピーダンス，残留定在波比が重要であり，その他，接続損失，最大電力容量などがある．

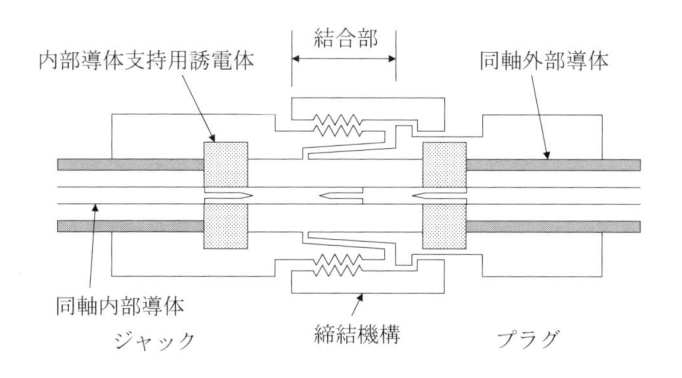

図 3.9　各種同軸コネクタの構造

図 3.9 に，高周波・マイクロ波測定に用いられる代表的な同軸コネクタとその構造を示す．実用コネクタは，機器や素子の接続に用いられ，BNC や SMA などの小型コネクタでは，接合部に誘電体 (テフロン) が充填されている．一方，測定用のコネクタでは，反射や損失をできるだけ小さくするため，接合部はすべて空気であり，内部導体は接合部から少し離れたところで支持されている．表 3.1 に，寸法や使用可能周波数範囲などの特性を示す．また，写真 3.1 に実用コネクタの，写真 3.2 に測定用コネクタの概観を示す．

表 3.1　同軸コネクタの特性

実用コネクタ

名　称	特性インピーダンス [Ω]	接合部の誘電体	接合部の外部導体内径 [mm]	使用周波数の上限 [GHz]
N	50, 75	空気	7	10 〜 12
BNC*	50, 75	テフロン	6.76	2 〜 3
SMA	50	テフロン	4.14	12 〜 18

測定用コネクタ

名　称	特性インピーダンス [Ω]	接合部の誘電体	接合部の外部導体内径 [mm]	使用周波数の上限 [GHz]
GR − 900**	50, 75	空気	14.2875	8.5
N	50	空気	7	18
APC − 7**	50	空気	7	18
3.5 mm, WSMA***	50	空気	3.505	34
K***	50	空気	2.92	40
2.4 mm	50	空気	2.4	50
1.85 mm, V	50	空気	1.85	65
1.0 mm	50	空気	1	110

＊ バヨネット構造，　＊＊プラグ・ジャック区別なし，　＊＊＊ SMA と接続可

3.3

レベル変換とインピーダンス変換

本書では，電圧，電流などの測定量あるいは測定量に関する信号の大きさを増幅したり，減衰させたりすることを以下「レベル変換」と呼び，素子や回路に加わる電圧と流れる電流の比で定義されるインピーダンスの値を見かけ上変化させることを「インピーダンス変換」と呼ぶ．

3.3.1　デシベル表示と増幅度・利得・損失

デシベル (decibel) は，電力の比を表すために考案された表記法で，電力の比の常用対数を 10 倍した量である．2 つの電力 P_1 と P_0 の比のデシベル表示は，

$$D = 10 \log_{10} \left(\frac{P_1}{P_0} \right) \quad [\text{dB}] \tag{3.13}$$

である．ここで，dB はデシベルを表す記号である．このデシベル表示は電力の比が非常に大きいまたは小さいとき便利である．たとえば，$P_1 = 1$ [kW]，$P_0 = 0.1$

(a) N 型コネクタ

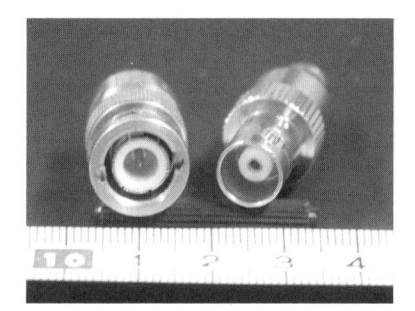

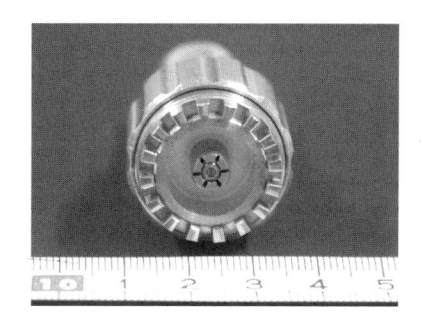

(a) GR-900 型コネクタ

(b) BNC 型コネクタ

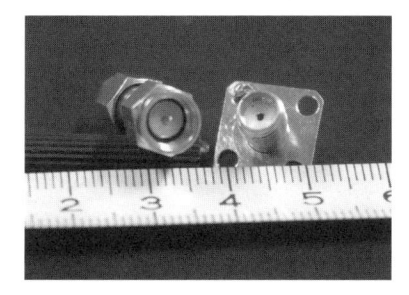

(b) APC-7 型コネクタ

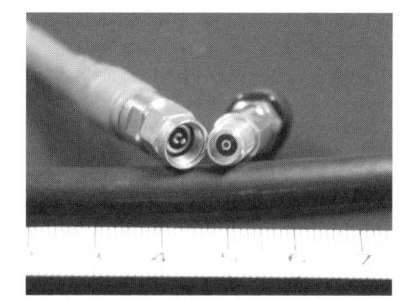

(c) SMA 型コネクタ

(c) 3.5mm コネクタ

写真 3.1　実用コネクタ
(それぞれ，左がプラグ，右がジャック)

写真 3.2　測定用コネクタ
(GR-900 型と APC-7 型はプラグとジャックの区別がない．3.5mm コネクタは左がプラグ，右がジャック．)

[μW] のとき，$P_1/P_0 = 10000000000$ であるが，デシベル表示 D は 100 dB となる．逆に $P_1 = 0.1$ [μW]，$P_0 = 1$ [kW] のとき，$P_1/P_0 = 0.0000000001$ であるが，D は -100 dB である．つまりデシベルの値は，P_1/P_0 を 10^x と指数表示したときの指数 x を 10 倍した数字になる．$P_1/P_0 = 2$ のとき，D は約 3.01 dB であるが，通常はさらに大まかに，「電力比が 2 倍であれば，3 dB」という．

デシベルは電力と電力の比 (無次元量) の一表現形式であるから，単位ではない．しかし，たとえば P_0 として基準となる電力を決めると，ある電力の値をデシベルで表すことができるようになる．たとえば，$P_0 = 1$ [W] とすれば，$P_1 = 100$ [W] は 20 dB，$P_1 = 1$ [mW] は -30 dB となる．しかし，これでは，デシベルが単なる比なのか，それとも基準として 1 W をとっているのか分からないので，dB の後に W を付けて dB$_W$ と書き，「デービーワット」と読む．同様に，基準電力 P_0 として 1 mW をとった場合は，dB$_m$ と書き，「デービーエム」と読む．このような場合は，dB$_W$ や dB$_m$ は単位であるとみなすことができる．

デシベルは電力だけでなく，すべての量の比を表す場合に使うことができるが，電圧や電流の場合は事情が複雑になる．たとえば，電圧の比も式 (3.13) と同じ常用対数の 10 倍で表してしまうと，ある抵抗の両端の電圧が V_0 から V_1 へ変化したときの比 V_1/V_0 と，そのとき抵抗で消費される電力の比のデシベル表示が違う値になってしまう．これを避けるために，電圧の比のデシベル表示 D_V，電流の比のデシベル表示 D_I はそれぞれ以下のように，

$$D_V = 20 \log_{10} \left(\frac{V_1}{V_0}\right) \quad [\text{dB}]$$
$$= 10 \log_{10} \left(\frac{V_1}{V_0}\right)^2 \quad [\text{dB}] \tag{3.14}$$
$$D_I = 20 \log_{10} \left(\frac{I_1}{I_0}\right) \quad [\text{dB}]$$
$$= 10 \log_{10} \left(\frac{I_1}{I_0}\right)^2 \quad [\text{dB}] \tag{3.15}$$

一定の抵抗 (1Ω が考えやすい) で消費される電力の比として計算する．

電力と同様，電圧に対しても基準となる電圧を決めることがある．よく使われるのは $V_0 = 1$ [V] であり，dB の後に V を付けて dB$_V$ と書き，「デービーブ

表 3.2　単位としてのデシベル表示

基準となる量	1 W	1 mW	1 V	1 μV
表示	dB$_W$	dB$_m$	dB$_V$	dB$_\mu$
読み方	デービーワット	デービーエム	デービーブイ	デービーマイクロ

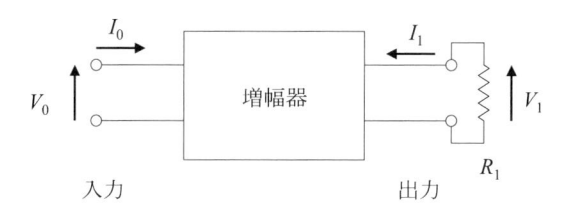

図 3.10　増幅器の入出力電圧と入出力電流

イ」と読む．また，$V_2 = 1\,[\mu\text{V}]$ もよく使われる．このときはdB の後に μ を付けて dB$_\mu$ と書き，「デービーマイクロ」と読む．たとえば，1 V は 120 dB$_\mu$ である．dB$_m$ が電力で，dB$_\mu$ が電圧であることは，注意する必要がある．表 3.2 に，単位としてのデシベル表示を整理しておく．

図 3.10 のように，ある増幅器の入力に信号源から電圧 V_0 が加えられて電流 I_0 が流れ，増幅器の負荷抵抗 R_1 両端の電圧が V_1 で，流れる電流が I_1 であるとする．このとき，入出力の電力の比 P_1/P_0，電圧の比 V_1/V_0，電流の比 I_1/I_0 をそれぞれ電力増幅度，電圧増幅度，電流増幅度と呼び，それらのデシベル表示をそれぞれ，電力利得 (power gain)，電圧利得 (voltage gain)，電流利得 (current gain) と呼ぶ．

電力利得 D は

$$D = 10 \log_{10}\left(\frac{P_1}{P_0}\right) = 10 \log_{10}\left(\frac{V_1 I_1}{V_0 I_0}\right) \quad [\text{dB}]$$

$$= 10 \log_{10}\left(\frac{V_1}{V_0}\right) + 10 \log_{10}\left(\frac{I_1}{I_0}\right) \quad [\text{dB}] \quad (3.16)$$

であり，一般に式 (3.14) の電圧利得あるいは式 (3.15) の電流利得と等しくはならない．

デシベル表示は，これまで述べた $P_1 > P_0$ の増幅だけでなく，$P_1 < P_0$ の減

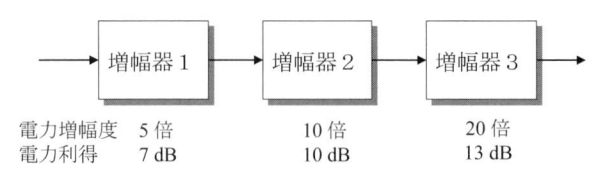

```
         ┌──────┐   ┌──────┐   ┌──────┐
    ───→ │増幅器1│──→│増幅器2│──→│増幅器3│───→
         └──────┘   └──────┘   └──────┘
電力増幅度    5 倍        10 倍        20 倍
電力利得     7 dB        10 dB        13 dB

        全体の電力増幅度＝5×10×20＝1000
        全体の電力利得  ＝7 dB＋10 dB＋13 dB＝30 dB
```

図 3.11 増幅器の縦続接続

衰に対しても使われる．比の値が 1 よりも小さくなると，デシベル表示値は負となる．たとえば，0.5 は－6 dB となるが，これを損失 6 dB という．

対数をとると，掛け算が足し算に，割り算が引き算になる．このことから，図 3.11 のように，増幅器や減衰器が縦続接続されている場合，全体の利得や減衰量を計算するのに便利である．

3.3.2 増幅・減衰

測定量の大きさが計測器の検出可能なレベルよりも低ければ，増幅 (amplification) が必要となる．直流から kHz オーダーまでの交流を増幅するためには，演算増幅器 (operational amplifier，略称はオペアンプ) が広く用いられている．演算増幅器は集積回路 (Integrated Circuit : IC) によって構成されているが，その回路の詳細を知らなくても，外部に適切な部品を付加することにより，種々の機能を簡単に実現できる．

演算増幅器は図 3.12 のように，基準電位 (アース) 端子 g と，反転入力端子 (－)，非反転入力端子 (＋) を持っている．A は電圧増幅度であり通常 10^6 倍程度ときわめて大きい．これに正負の電源電圧 $+V_{cc}$ と $-V_{cc}$ を加え，g をグランドに接続すると，反転入力電圧 v_1 に対しては，電圧 $v_o = -Av_1$ が，非反転入力電圧 v_2 に対しては，電圧 $v_o = Av_2$ が出力される．したがって，反転入力端子に v_1 が，非反転入力端子に v_2 が同時に加わった場合，反転入力端子と非反転入力端子の間の電位差を $v_d = v_1 - v_2$ とすると，出力電圧は $v_o = -Av_d$ となる．

たとえば，電源電圧が $V_{cc} = 15$ V の場合，出力電圧の最大値は 10 V 程度で

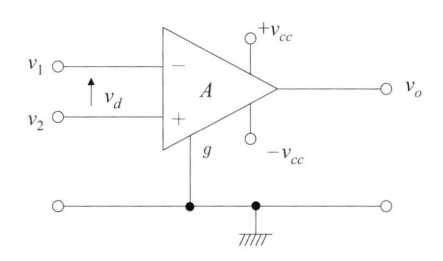

図 3.12 演算増幅器 (オペアンプ)

ある.このとき,電位差 E_d の最大値は 10^{-5} V であり,非常に小さい.そこで,反転入力端子と非反転入力端子間の電位差 v_d を 0 とみなすと,簡単に演算増幅器の動作を考えることができるようになる.電位差 v_d を 0 とみなすことをイマジナリーショート (imaginary short) と呼ぶ.

(a) **反転増幅と非反転増幅**

図 3.13 のように,非反転入力端子をグランドに接続し,反転入力端子に抵抗 R_1 を,出力端子と反転入力端子の間に抵抗 R_o を接続し,反転入力端子に入力電圧 v_1 を加える.こうすると,a b 間の電位差が 0 となるように (つまり a b 間の電流が 0 となるように) a 点から c 点へ電流が流れなければならない.

$$\frac{v_1}{R_1} + \frac{v_o}{R_o} = 0 \tag{3.17}$$

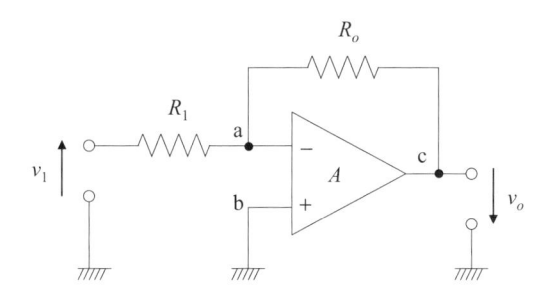

図 3.13 反転増幅

非反転入力端子はグランドに接続されているので，イマジナリーショートの考え方から a 点の電位は 0 となる．結局，出力電圧 v_o は

$$v_o = -\frac{R_o}{R_1} v_1 \tag{3.18}$$

となる．このように，演算増幅器本体の電圧増幅度が非常に大きいことから，電位差 v_d を 0 とみなすと，出力電圧は電圧増幅度 A に無関係となり，増幅器の外に接続した抵抗だけで回路全体の増幅度 v_o/v_1 が決まる．このことは，出力端子と反転入力端子の間の抵抗 R_o が出力を入力側に負帰還 (negative feedback) しているためである．R_o をフィードバック抵抗という．したがって，温度などによって演算増幅器本体の電圧増幅度が変動したとしても，回路全体の増幅度は変化せず，安定な増幅が行え，計測システムにおいてはきわめて有用となる．また，設計も非常に容易である．

式 (3.18) から，直流であれば出力電圧の極性が入力の極性と反対となり，交流であれば，位相が 180°ずれる．このような増幅を反転増幅 (inverting amplification)，増幅器を反転増幅器 (inverting amplifier) という．図 3.13 の回路は，$R_o > R_1$ であれば，増幅するが，$R_o < R_1$ のとき減衰器となり，減衰比 v_o/v_1 が演算増幅器外部の抵抗によって正確に決まる．

図 3.14 のように $R_1 = 0$ とすれば，反転入力端子に流れ込む電流 i_1 と，反転入力端子から出力端子に流れる電流は等しいから，

$$v_o = -R \cdot i_1 \tag{3.19}$$

となり，出力電圧は入力電流に比例する．これを電流電圧変換回路といい，光パワーメータなどフォトダイオードの電流を電圧に変換する場合によく用いられる．

図 3.15 のように，抵抗を接続し，非反転入力端子に電圧 v_2 を加えれば，出力電圧は

$$v_o = \left(1 + \frac{R_o}{R_1}\right) v_2 \tag{3.20}$$

となり，出力電圧の極性と入力電圧の極性は同じになる．これを非反転増幅 (non-inverting amplification)，増幅器を非反転増幅器 (non-inverting amplifier) という．

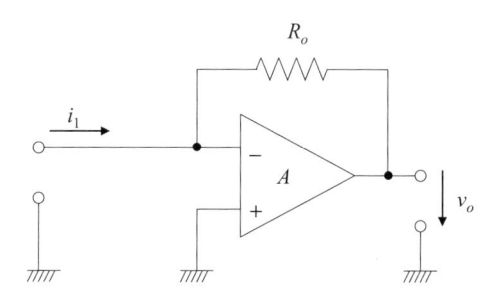

図 3.14　電流電圧変換

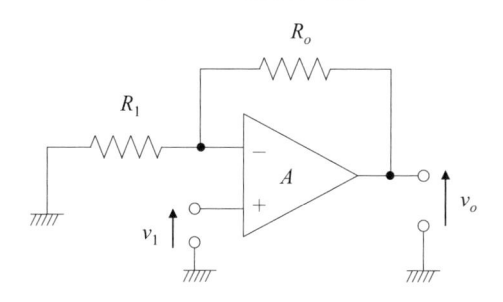

図 3.15　非反転増幅

(b)　積分回路と微分回路

図 3.16 のように，反転増幅器のフィードバック抵抗 R_o の替わりにコンデンサ C を接続し，v_1 として図に示すようなステップ電圧を加えると，イマジナリーショートを維持するために，コンデンサに電流が流れ徐々に電荷が蓄積されていく．この結果，負の出力電圧の大きさは以下のように増加していく．

$$v_o = -\frac{1}{CR}\int v_1 dt \tag{3.21}$$

この回路は入力電圧の積分値に比例した電圧を出力するので，積分回路と呼ばれる．

一方，図 3.17 のように，反転入力端子の抵抗 R_1 の替わりにコンデンサ C を接続し，v_1 としてステップ電圧を加えると，コンデンサの電荷の時間微分に比例した入力電流が流れ，結局，負の出力電圧の大きさは以下のように入力電圧の時間微分に比例する．

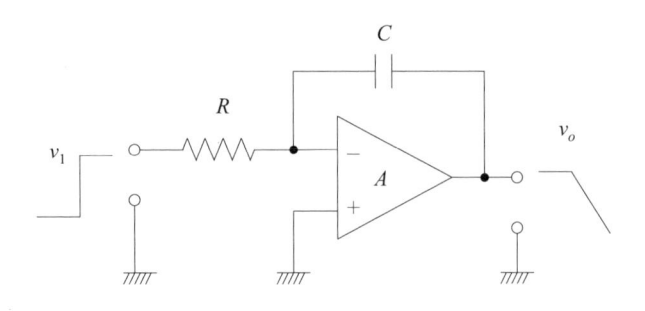

図 3.16 積分回路

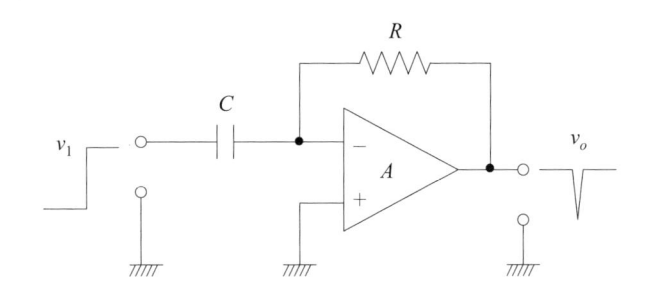

図 3.17 微分回路

$$v_o = -CR\frac{d}{dt}v_1 \tag{3.22}$$

この回路は入力電圧の微分値に比例した電圧を出力するので，微分回路と呼ばれる．

3.3.3 インピーダンス変換とインピーダンス整合

図 3.18 のように，内部インピーダンス Z_S を持つ電源の起電力の大きさ e_S を測定する場合について考える．Z_S が大きいとき，電源の出力端子 1-1' に接続する電圧計の内部インピーダンス Z_V での電圧降下が測定誤差の要因となる．このような場合，入力端子に加わる電圧と流れる電流の比で定義されるインピーダンス (入力インピーダンス) が非常に高く，出力側をテブナンの定理により等価的な電圧源とみなしたときのインピーダンス (出力インピーダンス) が低い回

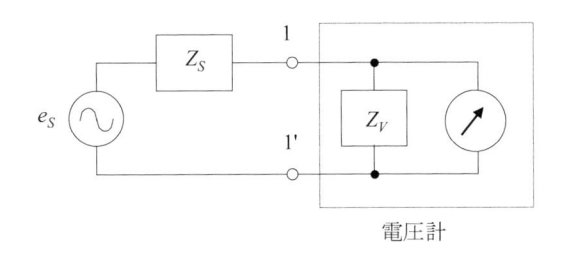

図 3.18　電源の起電力の測定

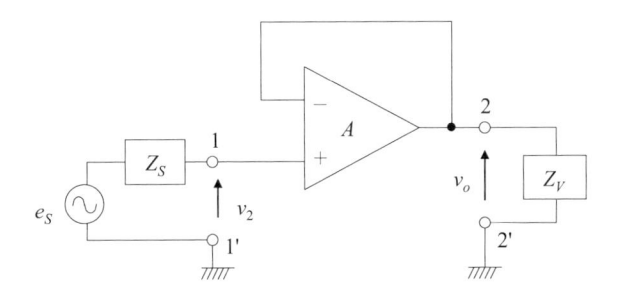

図 3.19　電圧ホロワ

路を，測定対象である電源と測定器である電圧計の間に入れる．このような目的で，よく使用されるのが，図 3.19 に示すような電圧ホロワである．

電圧ホロワは，演算増幅器の反転入力端子と出力端子を直接接続し，非反転入力端子に入力電圧 v_2 を加える．こうすると，イマジナリーショートにより電圧増幅度は 1 であり，出力電圧 v_o は当然 v_2 に等しく，入力電流はほとんど流入しない．したがって，入力インピーダンスが非常に高く，v_2 は起電力の大きさ e_S に等しくなる．また，負荷インピーダンス Z_V の値によらず，v_o は一定である．このことは出力インピーダンスが非常に低いことを意味しており，結局，v_o は e_S に等しくなる．このように，端子 2-2′ からみると，電源の起電力を変えずに，内部インピーダンスを見かけ上きわめて低い値に変換していることになる．

このようなインピーダンス変換は，図 3.20 のように，変圧器 (transformer, トランス) を用いても，ある程度行うことができる．ここで，n_1 は入力側のコイルの巻き数，n_2 は出力側のコイルの巻き数である．この変圧器が理想的なも

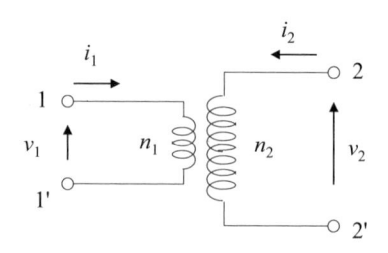

図 3.20 変圧器を用いたインピーダンス変換

のであるとすれば，入力に電圧 v_1 を加えると，出力電圧は

$$v_2 = \frac{n_2}{n_1} v_1 \tag{3.23}$$

となる．また，入力から電流 i_1 を流すと，出力電流は

$$i_2 = \frac{n_1}{n_2} i_1 \tag{3.24}$$

となる．したがって，出力側の端子 2-2′ からみると，インピーダンス Z_1 が以下のようなインピーダンス Z_2 に変換されたことになる．

$$Z_2 = \left(\frac{n_2}{n_1}\right)^2 Z_1 \tag{3.25}$$

図 3.21 のように，内部抵抗 R_S を持つ電源に負荷 R_L を接続したとき，$R_S = R_L$ の場合にもっとも R_L で消費される電力が大きくなる．言いかえれば，もっとも電力が有効に伝達される．この回路は分布定数回路ではなく集中定数回路であるが，$R_S = R_L$ とすることもインピーダンス整合と呼ばれる．インピーダンス変換は，インピーダンス整合を実現するためにも行われる．

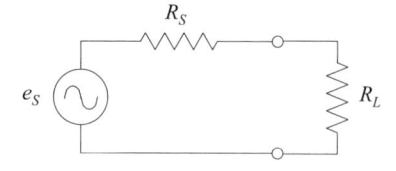

図 3.21 集中定数回路における電力の伝達

回路系を分布定数回路として考えなければならない高周波，マイクロ波においては，インピーダンス整合がきわめて重要になる．その理由は，電力を有効に

伝達するということのほかに，回路の接続点でインピーダンス整合がとれていないと，信号の反射が起こり，波形が歪んでしまうためである．このことから，図 3.22 に示すように，伝送線路を接続した高周波増幅器や減衰器では，入力側ポートおよび出力側ポートからみたインピーダンスを伝送線路の特性インピーダンスに一致させるようなインピーダンス整合をとる．計測系における伝送線路の特性インピーダンスは，ほとんど 50 Ω である．一例として，抵抗で構成された損失 6 dB の減衰器を図 3.23 に示す．

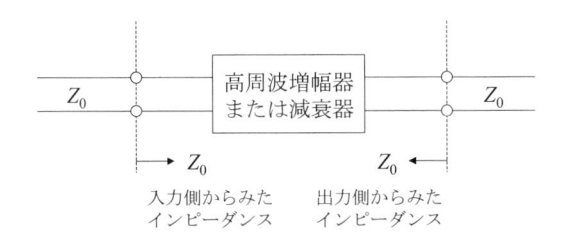

図 3.22　高周波増幅器，減衰器のインピーダンス整合

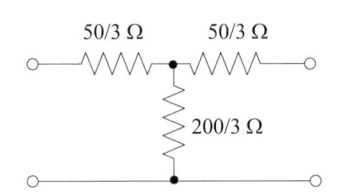

図 3.23　インピーダンス整合された減衰器の例

3.4
ディジタル変換

　すべての測定量は，アナログ量である．これらのアナログ量をディジタル量に変換すれば，雑音に強いデータ伝送が可能となり，コンピュータを用いて，ディジタル信号処理などアナログ量のままでは不可能な処理を行うことが可能となる．このため，アナログ量のディジタル変換は，計測においてきわめて重要で有効な技術である．

3.4.1 A/D 変換と D/A 変換

連続的なアナログ量を離散的なディジタル量に変換する場合，結果として得られるディジタル量はできるだけ元のアナログ量に近い値となるようにするが，一般的には，完全に一致させることはできない．まず，この差がどの程度であるのかを考えてみる．

コンピュータとの整合性がよく，ディジタル量の表現方法としてもっとも広く用いられているのは，2進数である．通常の10進数で表された整数 A と n 桁の2進数の関係は，以下のように書ける．

$$A = D_0 2^0 + D_1 2^1 + D_2 2^2 + \cdots + D_{n-1} 2^{n-1} \tag{3.26}$$

ここで，$D_i (i = 1, 2, \ldots, n-1)$ は0または1である．たとえば，D_0 から D_{11} までがすべて1である12桁の2進数 111111111111 は10進数で4095である．2進数の桁数をビット (bit) と呼ぶ．12ビットの2進数は 0 〜 4095 までの10進の整数を表現できる．式 (3.26) は1以上の整数を2進数で表しているが，1以下の小数 a は

$$a = d_1 2^{-1} + d_2 2^{-2} + d_3 2^{-3} + \cdots + d_n 2^{-n} \tag{3.27}$$

と表される．ここで，$d_i (i = 1, 2, \ldots, n-1)$ も0または1である．

12ビットの2進数で，0 V から 10 V までのアナログ電圧を表現しようとすると，$10/4095$ V $\fallingdotseq 2.44$ mV ごとのとびとびの値しか表現できない．このことを，10 V に対する 12 ビットの分解能は 2.44 mV であるという．決まった桁数のディジタル量で，アナログ量にできるだけ近い値を表現することが，アナログ量のディジタル変換であり，A/D 変換 (analog to digital conversion) と呼ぶ．

基本的な A/D 変換の原理は，被測定電圧であるアナログ電圧と，出力のディジタル量に対応する電圧を比較することである．その1つの方法である並列型 (フラッシュ型)A/D 変換器を図 3.24 に示す．この例では，基準電圧発生器で 0.5 V から 4.5 V まで 0.5 V おきに5種類の基準電圧を作り，被測定電圧と比較器 (コンパレータ) で比較する．比較器は，被測定電圧が基準電圧よりも大きければ1を，小さければ0を出力する．いま被測定電圧が 3 V のとき，下から3番目までの比較器の出力が1となり，それより上の比較器の出力は0，つまり 00000111 というディジタル量に変換される．このディジタル量は2進数になっ

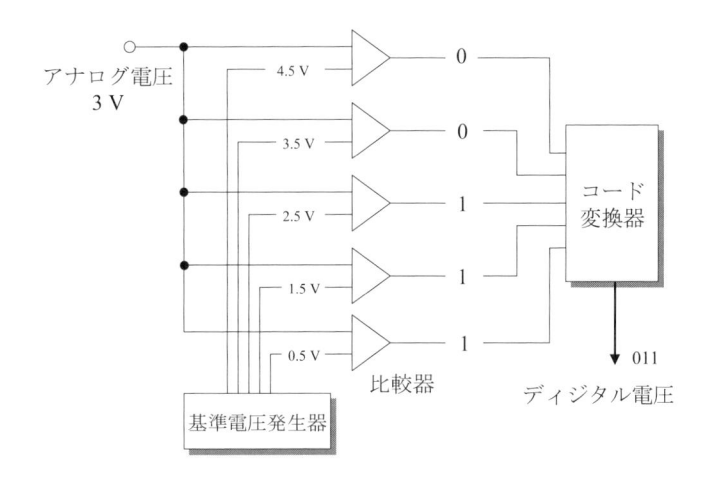

図 3.24 並列型 A/D 変換器の例

ていないが，コード変換器による計算で 2 進数 011 に変換する．

並列型 A/D 変換器は並列的に変換を行うので，高速な変換が可能であるが，ビット数が増えると多くの比較器が必要となる．これに対し，図 3.25 に示す逐次近似型 A/D 変換器は，変換速度は並列型よりも遅いが，比較器は 1 つである．この方式では，コード発生器により作り出した 2 進数のディジタル電圧をいちど対応するアナログ電圧に変換し，被測定電圧と比較する．制御器は，比較器の出力が最小となるように，順次，コード発生器の 2 進数を変化させる．

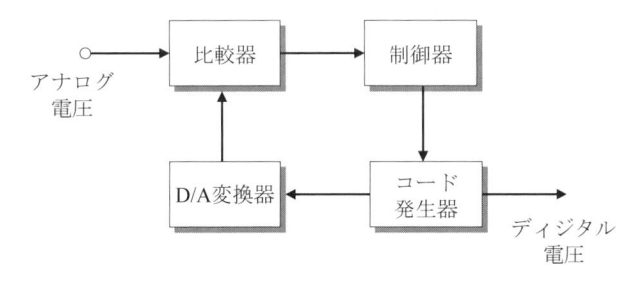

図 3.25 逐次近似型 A/D 変換器の基本構成

逐次近似型 A/D 変換器では，ディジタル電圧を対応するアナログ電圧に変換することが必要であるが，これを D/A 変換 (digital to analog conversion) と

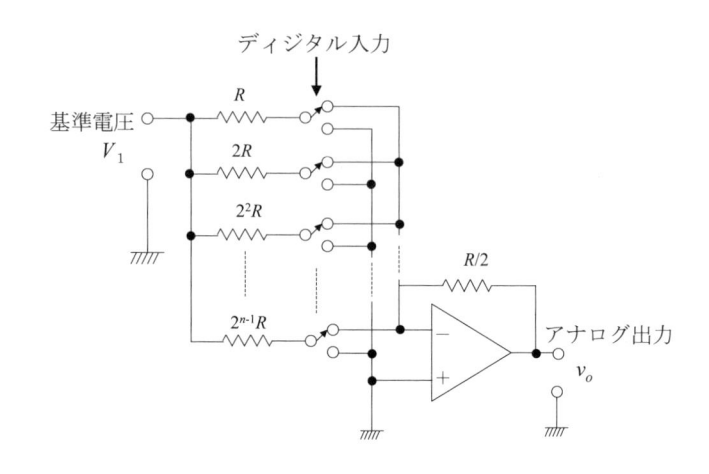

図 3.26　D/A 変換器の一例

いう．D/A 変換器の一例を図 3.26 に示す．この回路は，式 (3.26) に対応したもので，2 進数のすべての桁 ($i = 1, 2, \ldots, n$) について，係数 d_i の値が 0 なら，スイッチ S_i が OFF，1 なら ON とすれば，出力電圧は，

$$v_o = -v_1 \left(d_1 \frac{0.5R}{R} + d_2 \frac{0.5R}{2R} + \cdots + d_n \frac{0.5R}{2^{n-1}R} \right)$$

$$= -v_1 \left(\frac{d_1}{2^1} + \frac{d_2}{2^2} + \cdots + \frac{d_n}{2^n} \right) \tag{3.28}$$

となるから，D/A 変換が行える．

3.4.2　ディジタル計測システム

測定値をディジタル量に変換すれば，コンピュータによる種々の処理が可能となる．このような計測システムをディジタル計測システム (digital measurement system) という．ディジタル計測システムを構成するには計測器からコンピュータへデータの伝送を行わなければならない．このとき，データのやり取りの仲立ちをするハードウェアとソフトウェアをインターフェース (interface) という．インターフェースの方式や規格が計測器やコンピュータによって違っていると，個々の計測器ごとに別のインターフェースを用意しなければならないし，何より複数の計測器を接続する計測システムの構成が困難になる．

そこで，データ伝送方式，電気的諸特性，接続コネクタの機械構造などについて統一的な規格を決めることが必要となる．現在，このような規格として，GP-IB(General Purpose Interface Bbus) と呼ばれるインターフェースがもっとも広く用いられている．GP-IB は米国のヒューレット・パッカード社が考案した HP-IB(Hewlett-Packard Interface Bus) を基に，米国電気電子学会 IEEE(Institute of Electrical and Electronics Engineers) が制定した規格の一般的名称で，IEEE-488 バスとも呼ばれる．ほとんど同じ規格に，IEC-625 バス (IEC-IB) があり，両者はコネクタのピン数 (極数) が 1 つ異なるだけである．

GP-IB で接続する機器の機能は，トーカ，リスナ，コントローラの 3 種類に分類される．これらすべての機能を持つ機器もあるし，どれか 1 つの機能しか持たない機器もある．トーカはデータをバスに送り出すし，リスナはバスのデータを受信する．コントローラは，システムにおいて 1 つであり，どの機器がトーカとなり，どの機器がリスナとなるかを指定する．通常，コンピュータがコントローラの役目を果たし，計測器はトーカとリスナ，プリンタやプロッタなどがリスナとなる．

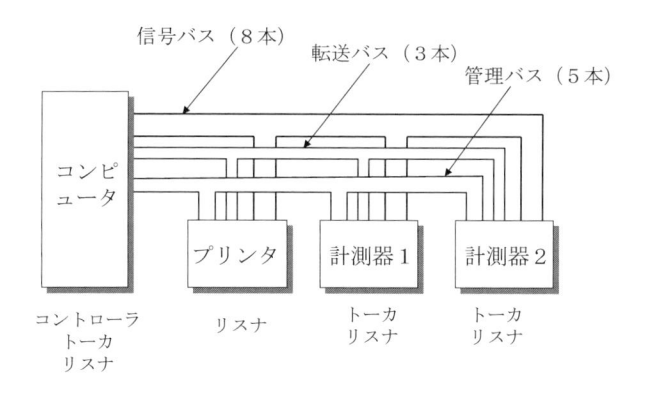

図 3.27 GP-IB の信号線

図 3.27 に示すように，GP-IB の信号線は全部で 16 本あり，8 本がデータ入出力バス，3 本が転送バス，5 本が管理バスである．8 本のデータ入出力バスは，ハンドシェークと呼ばれる 3 本の転送バスによる非同期方式にしたがい，データ 8 ビットずつを並列 (パラレル) に，順次 (シリアルに) 転送する．5 本の管理

(a) プラグ側　　　　　　　　(b) ジャック側

写真 3.3　GP-IB コネクタ

バスは，データ入出力バス上の情報がデータであるのか，命令 (コマンド) であるのかを指定するなど，バスラインの管理に使われる．GP-IB によってディジタル計測システムを構成し，コンピュータに測定データを入力したり，計測器を制御したりするためには，BASIC などの言語を用いてプログラムを組む必要があるが，命令を表す図形 (アイコン) を結ぶだけで容易にプログラムが作成できるソフトウェアが開発されている．

　GP-IB のコネクタは，プラグとジャックが背中合わせになった構造を持つので，コネクタを重ねて接続できる．したがって，各機器のコネクタは1つだけでよい．ケーブル長の合計が 20 m 以下であれば，1 システム内に，最大 15 台の機器が接続可能である．写真 3.3 に，GP-IB コネクタのプラグ面とジャック面の概観を示す．

　この他，ディジタル計測システムを構成するためのインターフェースとしては，RS-232-C と呼ばれる規格がある．RS-232-C は米国電子工業会 (Electronic Industries Association : EIA) が決めたシリアル伝送の規格であり，データ線としては，接地線の他，パーソナルコンピュータや計測器などの端末から通信用のモデム (modem) などの終端装置への送信用と，逆方向の受信用の2本だけである．終端装置のコネクタは，制御信号用やタイミング信号用など 25 ピンの配列が規定されているが，端末側のコネクタに対しては厳密な規定はない．通常，9 ピン程度のコネクタが用いられる．最大ケーブル長は 15 m，最大伝送速度は，20 k bit/s である．

演習問題 3

3.1 式 (3.1) において，電圧 V は V_i と V_r の和であるのに，電流 I はなぜ I_i と I_r の差になるのか．平行な 2 本の導線で構成される伝送線路を例にとり，説明せよ．

3.2 外部導体と内部導体の間に，比誘電率 2.7 の誘電体が充填されている同軸線路内の波長は真空中の波長に比べてどうなるか．また，周波数 10 MHz の波長はいくらか．

3.3 特性インピーダンス 50 Ω の同軸線路が，抵抗分 25 Ω，リアクタンス分 100 Ω のインピーダンスを持つ負荷で終端されている．反射係数はいくらか．

3.4 特性インピーダンス 50 Ω の同軸線路が，25 Ω の抵抗負荷で終端されている．VSWR はいくらか．
特性インピーダンス 50 Ω の同軸線路が，100 Ω の抵抗負荷で終端されている．VSWR はいくらか．

3.5 外部導体の内径 3.0 mm のとき，比誘電率 2.3 の媒質を用いると，特性インピーダンス 50 Ω の同軸線路の内導体径はいくらか．

3.6 外部導体の内径 7.0 mm で特性インピーダンス 50 Ω の同軸線路の高次モード遮断周波数はいくらか．

3.7 電力を 50 倍に増幅するアンプがある．
(1) 電力利得をデシベル表示せよ．
(2) 1 μW の入力に対する出力は，何 dBm か．

3.8 非反転増幅の出力電圧が式 (3.20) のようになることを示せ．

3.9 積分回路，微分回路の出力電圧がそれぞれ式 (3.21), (3.22) のようになることを示せ．

3.10 図 3.23 の減衰器が，特性インピーダンス 50 Ω の伝送線路とインピーダンス整合されていることを確認せよ．

3.11 A/D 変換器を 2 種類あげ，それぞれの動作を説明せよ．

第4章
電圧計，電流計，電力計

4.1
直流・低周波

4.1.1 可動コイル型電流計

　直流電圧・電流を測定するために古くから使用されてきた電気計器 (electrical instrument) は，指針の振れによって測定値を指示するアナログ指示計器，いわゆるメータである．アナログ指示計器には多くの種類があるが，図 4.1 に示す可動コイル型電流計がもっとも広く用いられている．

　これは，電流の流れているコイルが磁界によって力を受けることを利用しており，基本的には電動機 (モータ) と同様の原理であると考えればよい．モータとメータの違いは，前者が回転し続ければよいのに対し，メータは測定量を示す一定の位置で回転軸が止まらなければならないことである．このため，可動コイル型電流計では図 4.1 に示したような「つる巻きバネ」などによって制御力を作り，軸を回転させる駆動力とバランスさせる．しかし，駆動力と制御力だけでは，回転軸に取り付けられた指針が振動してしまうので，運動にブレーキをかけるため摩擦などの制動力が必要である．制動力はアルミニウム製のコイルの枠が磁界中を運動することによって発生する．すなわち，枠が磁界中を移動すると，発電機と同じ原理で電流が流れ，枠に運動方向と逆の力が加わる．

　可動コイル型電流計は，アナログ指示計器の中では比較的感度がよく，$1\ \mu A$

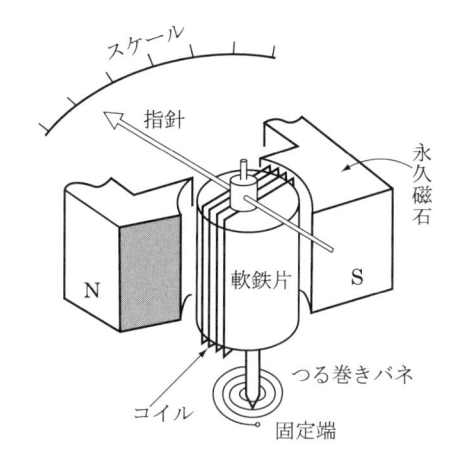

図 4.1 可動コイル型電流計の構造

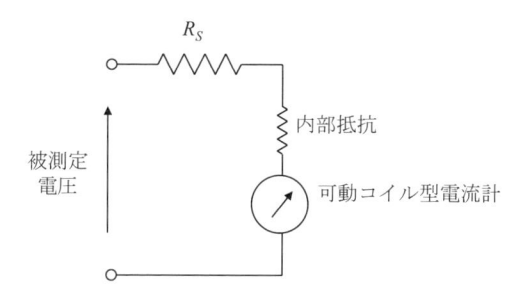

図 4.2 可動コイル型電流計を用いた直流電圧計の構成

以下の電流の測定も可能である．しかし，感度の高い電流計を作るには，小さな電流で大きな駆動力を発生させるため，コイルの巻き数を多くしなければならない．この結果，コイルの内部抵抗が大きくなり，測定しようとする電流を変化させ，誤差が大きくなる．たとえば，測定可能最大値(定格値)が $1\ \mu$A の電流計では，コイルの内部抵抗は数 kΩ にも達する．誤差を小さくするため，電流計の内部抵抗は小さいほどよい．

図 4.2 のように，可動コイル型電流計に適当な抵抗を直列に接続すれば，直流電圧計となる．電流計と逆に，電圧計の内部抵抗は大きいほどよいので，一般に直列抵抗 R_S は大きな値が選ばれる．しかしこの場合も，感度の高い電圧計を

構成しようとすると，電流計本体の内部抵抗はできるだけ小さいことが要求される．

4.1.2 アナログ電子電圧・電流計

図 4.3 に示すように，たとえば可動コイル型電流計で構成した直流電圧計の前段に増幅器を用いると，電圧計の入力端子から電圧計を見た抵抗 (入力抵抗) をかなり大きくできる．このような電圧計をアナログ電子電圧計という．図の例では，抵抗分圧器により，1 mV から 10 V までの多重レンジ電圧計となっている．分圧器全体の抵抗値は 10 MΩ であるから，増幅器の入力抵抗は 10 MΩ よりも十分大きくなければならない．このような増幅器としては，電界効果トランジスタ (Field-Effect Transistor : FET) を入力段に用いた演算増幅器がある．増幅器の入力抵抗が分圧器全体の抵抗よりも十分大きければ，この電圧計の入力抵抗は 10 MΩ である．一方，増幅器の出力端子から電圧計を見た抵抗 (出力抵抗) は，可動コイル型電流計で構成した直流電圧計の内部抵抗よりも十分小さくなければならないが，この条件は通常満たされる．

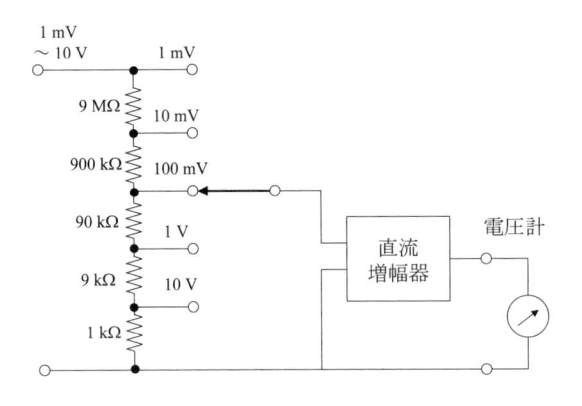

図 4.3 直流電子電圧計の構成例

図 4.4 に示すように，抵抗で電流を電圧に変換し，増幅器を用いると，アナログ電子電流計が構成できる．アナログ電子電圧計と同様，FET を入力段に用いた演算増幅器を用いれば，この電流計の入力抵抗は電流電圧変換回路の各レンジにおける抵抗値にほとんど等しい．

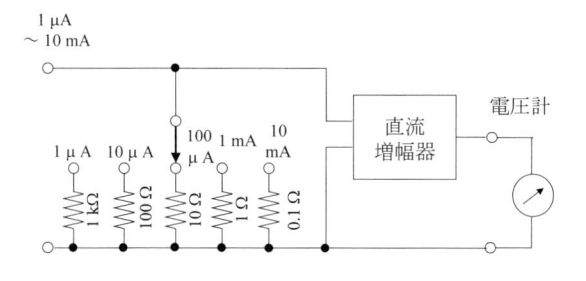

図 4.4　直流電子電流計の構成例

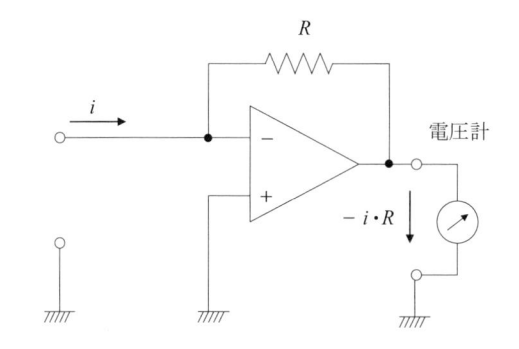

図 4.5　演算増幅器で電流電圧変換を行う直流電子電流計

　実際には，図 4.3 と図 4.4 の増幅器および指示計器を共通とし，アナログ電子電圧電流計として構成されることが多い．より入力抵抗を小さくし，かつ高感度な電流計とするには，図 4.5 のように，演算増幅器を用いて電流電圧変換を行う．この回路は図 3.14 と基本的には同じものであり，入力電流が流れてもイマジナリーショートは維持されるから，入力抵抗は非常に低くなる．

　交流電子電圧計は，交流電圧を整流して直流に変換し，直流電流を測定する．整流回路としては，図 4.6 に示すような，ブリッジによる全波整流回路が用いられることが多い．ダイオードは図 2.5 のように，低い電圧では十分動作しない．そこで，交流増幅を行ってから整流する．ブリッジ回路全体の等価抵抗を R_b とすると，R_b はダイオードの特性により，入力の交流電圧 v_i によって変化する．しかし，負帰還がかかっているので，増幅器本体の電圧増幅度 A_v が十分大きければ，直流電流計を流れる電流 i_o はほぼ v_i/R_f となり，入力の交流電圧 v_i に

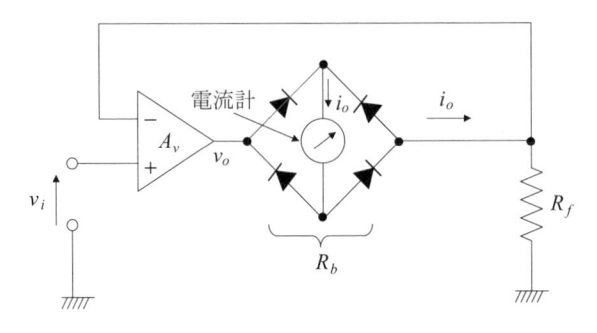

図 4.6 交流電子電圧計

比例する．

　この回路の指示値は交流電圧 $v(t)$ の半周期 $T/2$ の平均値に比例するが，交流電圧のパラメータとしては，以下のような実効値 V_{eff} が広く用いられる．

$$V_{eff} = \sqrt{\frac{1}{T}\int_0^T v^2(t)dt} \tag{4.1}$$

そこで，交流入力を正弦波と仮定して，目盛を実効値で表示することが普通である．したがって，正弦波以外のひずみ交流が入力された場合は，波形による誤差が発生する．交流電子電流計は，交流電子電圧計の前段に，電流電圧変換回路を置くことによって構成できる．

　特殊な交流電圧計として，ロックイン・アンプ (lock-in amplifier，同期検波増幅器) がある．ロックイン・アンプの基本的な原理は，図 4.7 に示すように入力信号を増幅した後，被測定信号の周波数 f_S に同期した方形波と掛け算し，CR 回路で平滑して出力の平均値 (直流電圧) を指示することである．これにより，等価的に帯域の狭いフィルタを実現できる．方形波を被測定信号の周波数に同期させるためには，外部から同期信号を入れるか，あるいは被測定信号自身から方形波を作成する．

　入力信号と方形波を掛けると，図 4.8 のように，入力信号と方形波の位相が等しいとき出力の平均値は正の最大，位相差が 180°のとき負の最大となり．位相差が 90°，270°では出力の平均値は 0 となる．このように，入力信号と方形波の位相差によって出力が変わるため，これを同期検波 (synchronous detection)

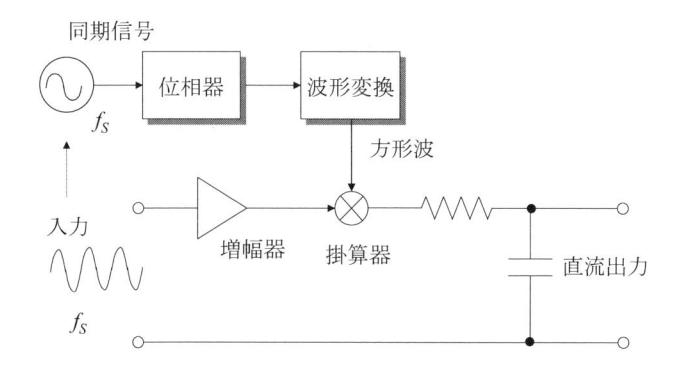

図 4.7　ロックイン・アンプの基本回路

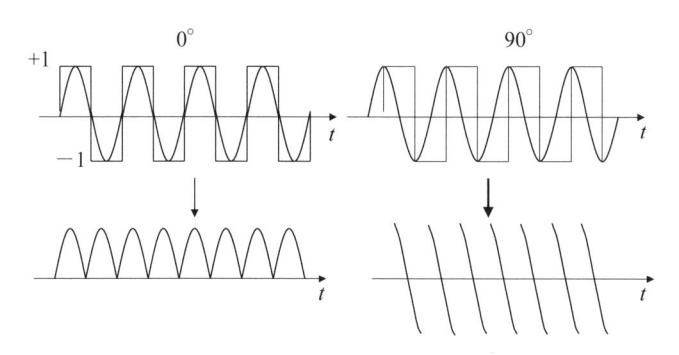

図 4.8　ロックイン・アンプの動作

あるいは位相検波 (phase detection) という．実際の測定では，出力が最大となるように同期信号の位相を調整する．位相だけでなく入力信号と方形波の周波数が異なっても出力は小さくなり，一種の帯域フィルタとして動作する．このフィルタの帯域は，CR 平滑回路の時定数の逆数に比例し，きわめて狭い帯域のフィルタにできる．

4.1.3　熱電型交流電流計

図 4.9 に示すように，抵抗値 R を持つ細い抵抗線に周期 T の交流電流 $i(t)$ を流せば，以下のような電力 P が熱に変換される．

$$P = \frac{1}{T}\int_0^T R \cdot i^2(t)dt \tag{4.2}$$

したがって，電力 P を測定できれば，以下のように交流電流の実効値 I が計算できる．

$$I = \sqrt{\frac{P}{R}} \tag{4.3}$$

重要なことは，この場合，交流電流波形は正弦波でなくともよいことである．どのような波形に関しても，式 (4.3) は実効値となる．そこで，図 4.9 のように熱電対温度計を抵抗線に接触させて温度を測定する．この状態で，すでに値が知られている直流電流を流して同じ温度となるようにし，抵抗値から直流電力を計算すれば交流電力を直流電力に置き換えて測定することができる．これを直流置換 (DC substitution) という．この交流電流計は，小形に作ることにより，MHz 帯の高周波電流計としても用いることができる．

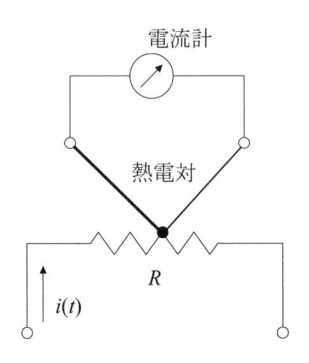

図 4.9 熱電型交流電流計

4.1.4 ディジタル電子電圧・電流計

3.4 節で述べたように，電圧や電流の測定値をディジタル信号に変換すればコンピュータを用いて種々の処理や計算を行うことができる．また，有効桁数の多い測定結果を表示することができ，アナログ表示に比べて読み取りの個人差がないなどの利点がある．ディジタル電子電圧・電流計は，基本的にはアナログ出力を A/D 変換器でディジタル変換することで構成できる．ただし，ディジタル

電子電圧・電流計ではノイズに強い測定を行うために，通常，測定信号を積分するA/D変換が採用される．

よく使われるのは図 4.10 (a)，(b) に示すような2重積分型 (デュアルスロープ積分方式) の A/D 変換である．

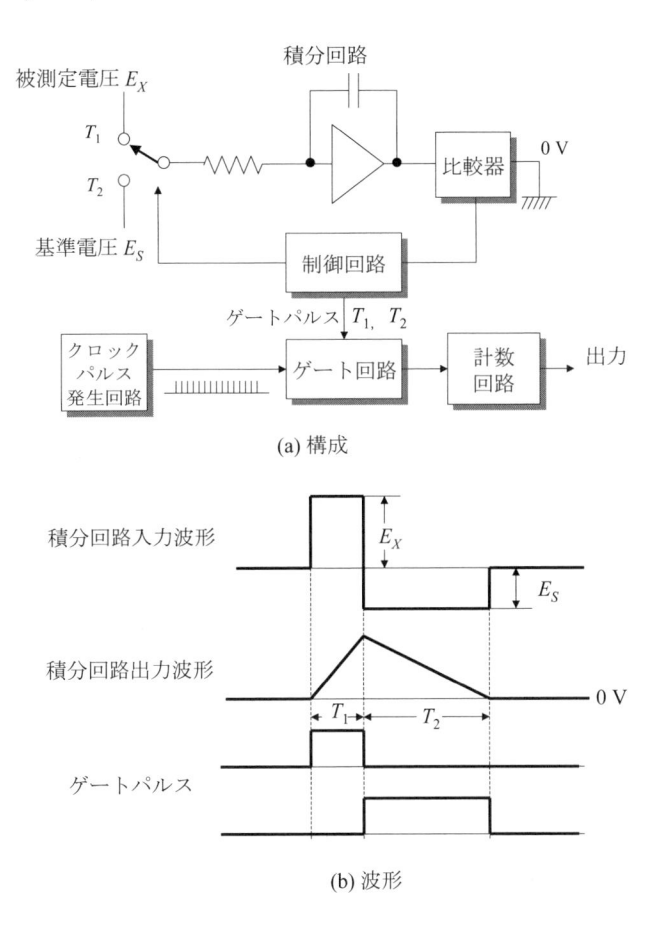

図 4.10 2 重積分型 A/D 変換器を用いたディジタル電子電圧計

被測定電圧 E_X を積分回路に入力して一定時間 T_1 だけ積分し，その後，基準電圧 E_S を同じ積分回路に入力して出力が 0 V になるまで積分する．基準電圧 E_S に切り替えてから 0 V になるまでの時間を T_2 とすれば，$E_X T_1 = E_S T_2$

であるから，

$$E_X = E_S \frac{T_2}{T_1} \tag{4.4}$$

によって被測定電圧が計算でき，ディジタル電子電圧計 (digital voltmeter) となる．T_1 と T_2 は，それぞれの時間幅を持つ方形のゲートパルスと，既知の正確な時間間隔を持つクロックパルスを作成することにより測定する．すなわち，これらのゲートパルスとゲート回路によってクロックパルスを T_1 あるいは T_2 だけ通過させ，通過したクロックパルスの数を計数回路で測定する．クロックパルスの時間間隔は分かっているので，これにより T_1 と T_2 が測定できる．

ディジタル電子電流計は，図 4.4 あるいは図 4.5 のような電流電圧変換器を用いることによって同様に構成できる．直流抵抗も抵抗を流れる電流と両端の電圧により測定できるから，電圧，電流，抵抗を測定する回路構成は共通の部分が多くなる．このため，1 台で電圧，電流，抵抗を測定できるようにしたディジタル計測器が市販され広く使用されている．これをディジタルマルチメータという．

4.1.5 電力の測定

負荷抵抗で消費される直流電力は，直流電圧計と直流電流計を図 4.11 の (a) あるいは (b) のように接続し，電圧と電流を測定すれば計算できる．ただし，(a) の接続では電流計の内部抵抗における電圧降下，(b) の接続では電圧計の内部抵抗による分岐電流が誤差の原因となる．これらの誤差は，電圧計あるいは電流計の内部抵抗と負荷の抵抗値が分かれば補正可能である．補正ができない場合は，負荷抵抗が高いとき (a) の接続，低いとき (b) の接続を採用する．

一方，交流では，負荷インピーダンスにリアクタンス分があると，電圧と電流の位相がずれるために，抵抗負荷の場合のように簡単ではない．いま，負荷が抵抗 R とリアクタンス X の直列回路であるものとする．このとき，角周波数 ω の正弦波交流を負荷にかけると，負荷両端の電圧の瞬時値 v と負荷を流れる電流の瞬時値 i は

$$v = \sqrt{2}\, V \sin(\omega t) \tag{4.5}$$

$$i = \sqrt{2}\, I \sin(\omega t - \varphi) \tag{4.6}$$

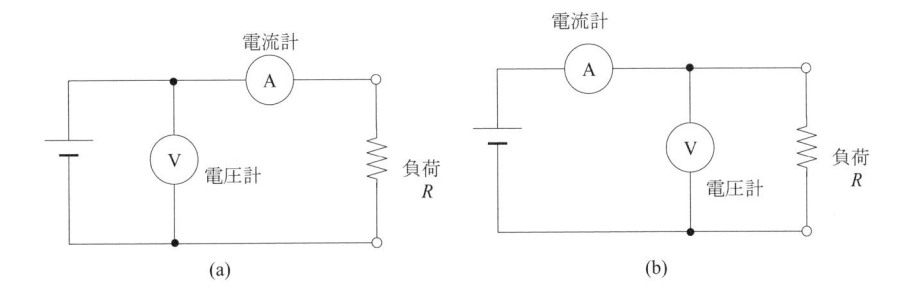

図 4.11　直流電力の測定

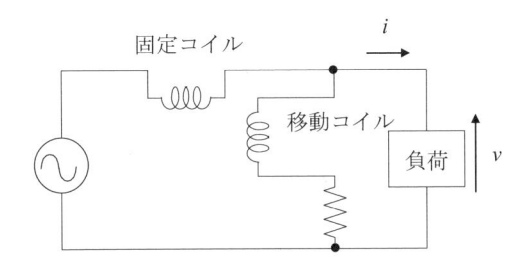

図 4.12　電流力計型計器を用いた交流電力計

と表すことができる．ここで，V, I はそれぞれ交流電圧，交流電流の実効値，φ はそれらの位相差である．負荷の抵抗分によって消費される電力は，瞬時電力 $v \cdot i$ を 1 周期 $T = 2\pi/\omega$ 時間平均した電力

$$P = \frac{1}{T}\int_0^T (v \cdot i)dt = VI\cos\varphi \tag{4.7}$$

となる．この P は抵抗 R で消費される電力であり，「有効電力」と呼ばれる．

　有効電力を測定する電気計器として，可動コイル型電流計の永久磁石の替わりに固定コイルとした電流力計型計器を用いた交流電力計がある．電流力計型計器の指示値は，可動コイルに流す電流と固定コイルに流す電流の積の時間平均値である．したがって，たとえば，図 4.11 の (b) の接続に対応して，図 4.12 に示すように固定コイルに電流 i を流し，可動コイルに直列に抵抗を接続して電圧 v に比例する電流を流せば，有効電力が測定できる．

この他，高速の A/D 変換器を用いて交流の瞬時電圧 v と瞬時電流 i の時間変化そのものを測定すれば，コンピュータを用いて式 (4.7) の積分を行うかあるいは，実効値と位相差を算出して式 (4.7) から有効電力を計算できる．

4.2

高周波・マイクロ波

4.2.1 ピーク値整流型電子電圧計

MHz 帯の高周波電圧を測定するための電圧計としては，図 4.13 に示す整流回路を用いたピーク値整流型電子電圧計 (P 型電圧計) が広く用いられている．入力の高周波電圧が負のときだけダイオード D_1 を通して電流が流れ，コンデンサ C_1 を図のような極性に充電する．この充電は入力高周波電圧が負のピーク値 v_p に達するまで行われる．A 点の電圧はこの直流電圧 v_p と高周波電圧 $v(t)$ との和 $v_p + v(t)$ となる．ダイオード D_2 は，$v_p + v(t)$ の正のピーク値 $2v_p$ までコンデンサ C_2 を充電するから，最終的な出力電圧は $2v_p$ となる．

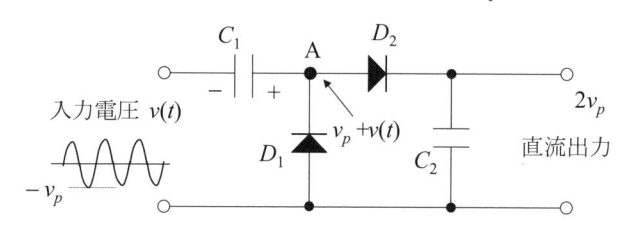

図 4.13 ピーク値整流型電子電圧計 (P 型電圧計)

周波数が高くなると，回路の配線を分布定数回路として取り扱う必要があり，測定を行うべき端子から電圧計までのリード線が長くなると誤差の大きな原因となる．そこで，整流回路部を小形のプローブ内に組み込み，このプローブを測定端子に接続して，電圧計本体までのリード線で直流電圧を測定する．この P 型電圧計の指示値 (目盛) はピーク値あるいは実効値であるが，実効値を指示する場合は，交流電子電圧計と同様に，交流入力を正弦波と仮定して表示する．したがって，ひずみ交流が入力された場合は波形誤差が発生する．

4.2.2 ベクトル電圧計

kHzオーダーの周波数領域では，高速のA/D変換器を用いて瞬時電圧の値が測定できる．したがって，瞬時電圧の時間変化から交流電圧の振幅と位相を求めることができる．しかし，MHz～GHz帯の高周波・マイクロ波では，A/D変換器を用いた測定は分解能や精度が悪くなり，電圧の振幅と位相を別の方法によって測定する．

位相の測定は，基本的には時間差の測定であり，何らかの基準となる信号との時間差を求めることになる．この基準となる信号を参照信号(リファレンス信号，reference signal)という．ベクトル電圧計(vector voltmeter)は参照信号を用いて高周波・マイクロ波帯の電圧の振幅と位相を測定する電子計測器である．その基本的な構成を図4.14に示す．

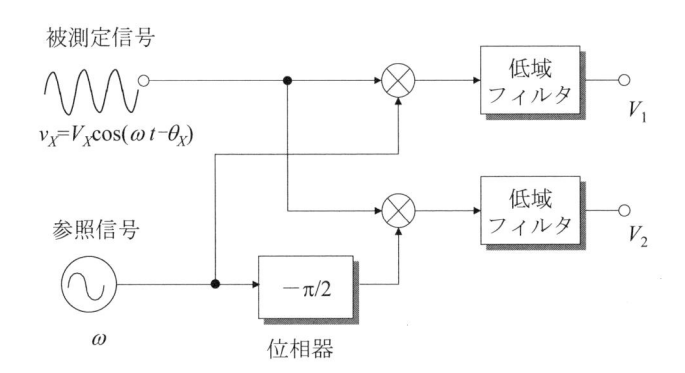

図 4.14 ベクトル電圧計

被測定電圧の信号を以下のように表す．

$$v_X = V_X \cos(\omega t - \theta_X) \tag{4.8}$$

ここで，V_X，θ_X はそれぞれ測定すべき振幅と位相である．被測定信号と同じ周波数を持った以下のような参照信号を用意する．

$$v_R = V_R \cos(\omega t) \tag{4.9}$$

参照信号の振幅 V_R は既知であるとする．v_X と v_R を掛算器に同時に入力し，低域フィルタで直流成分のみを取り出せば，その出力 V_1 は以下のようになる．

$$V_1 = \frac{1}{2} V_R V_X \cos(\theta_X) \tag{4.10}$$

さらに，v_R の位相を，移相器により $\pi/2$ だけ遅らせたもう 1 つの参照信号 v_R' を作成し，v_X と v_R' を別の掛算器に同時に入力し，v_R の場合と同様に低域フィルタで直流成分のみを取り出せば，その出力 V_2 は

$$V_2 = \frac{1}{2} V_R V_X \sin(\theta_X) \tag{4.11}$$

となる．したがって，V_X と θ_X は以下のようにして求まる．

$$V_X = \frac{2}{V_R} \sqrt{V_1^2 + V_2^2} \tag{4.12}$$

$$\theta_X = \tan^{-1}\left(\frac{V_2}{V_1}\right) \tag{4.13}$$

4.2.3 マイクロ波電力計

GHz 帯のマイクロ波領域では，精度よく電圧や電流を測定することが困難になり，代わって電力がもっとも基本的な量として測定されるようになる．マイクロ波帯において使用可能な電力計はほとんど MHz 帯の高周波領域においても使用できる．

ある伝送線路から電力計に入射する入射電力 (incident power) P_i，電力計から反射される反射電力 (reflected power) P_r，および，電力計に吸収される吸収電力 (absorbed power) P_m の間には以下の関係がある．

$$P_m = P_i - P_r = P_i \left(1 - |\varGamma_L|^2\right) \tag{4.14}$$

ここで，$\varGamma_L$ は電力計の反射係数である．式 (4.14) から，電力計に吸収された電力を入射電力とみなすためには，反射係数の大きさが十分小さくなければならない，すなわち，電力計が伝送線路と十分整合していなければならないことが分かる．整合していないことによって起こる誤差を不整合誤差 (mismatch error) という．

負荷に入射する電力が時間的に変化している場合，図 4.15 のように，電力計は平均電力 $\overline{P}$，パルス電力 P_p，あるいはピーク電力 $\widehat{P}$ を測定する．パルス電力は電力の時間的変化が方形の場合について，以下のように定義されている．

$$P_p = \frac{1}{\tau}\int_0^\tau p\,dt \tag{4.15}$$

ここで，τはパルス幅である．

電力計の動作原理としては，熱型電力計と整流型電力計が主なものである．一般に用いられる熱型電力計は平均電力のみが測定可能であるが，整流型電力計は，パルス電力およびピーク電力の測定も可能である．

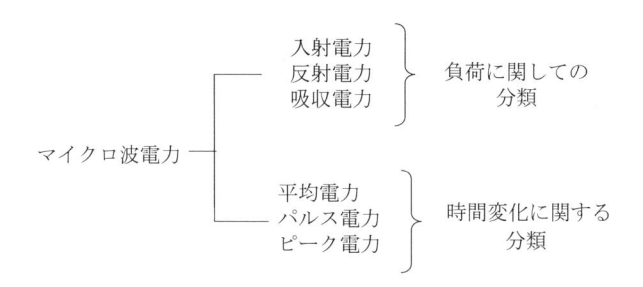

```
                  ┌─ 入射電力 ┐
                  │  反射電力 ├ 負荷に関しての分類
                  │  吸収電力 ┘
マイクロ波電力 ─┤
                  │  平均電力 ┐
                  │  パルス電力├ 時間変化に関する分類
                  └─ ピーク電力┘
```

図 4.15　マイクロ波電力の種類

(a)　整流型電力計

整流型電力計は，ダイオードによってマイクロ波を整流し，出力の直流電圧を測定するもので，-70 dBm (100 pW) 程度までの高感度の電力測定が可能である．一般的に使用されているダイオードはショットキーバリアダイオードである．ショットキーバリアダイオードは，入力電力のレベルが -20 dBm($10\ \mu$W) 程度までは，2乗特性を持っている．したがって，出力電圧が入力電力に比例するが，整流型電力計のみで電力の絶対値を測定することはできず，熱型電力計によって校正する必要がある．

基本的には，交流あるいは高周波の整流型電子電圧計と同様である．ただし，整合特性をよくするために，図 4.16 のように整合用の抵抗を用いた回路を，同軸線路などのマウント内に構成する．

(b)　熱型電力計

熱型電力計としては，ボロメータブリッジ電力計，熱電対電力計，カロリーメータ電力計が主なものである．

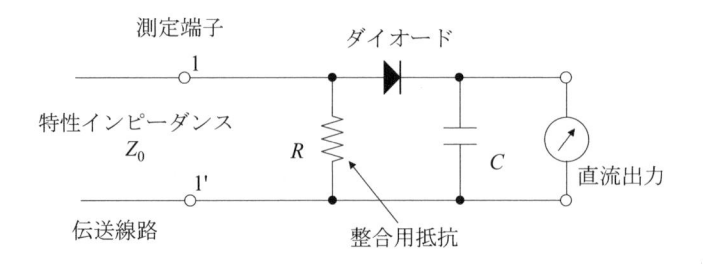

図 4.16 整流型マイクロ波電力計

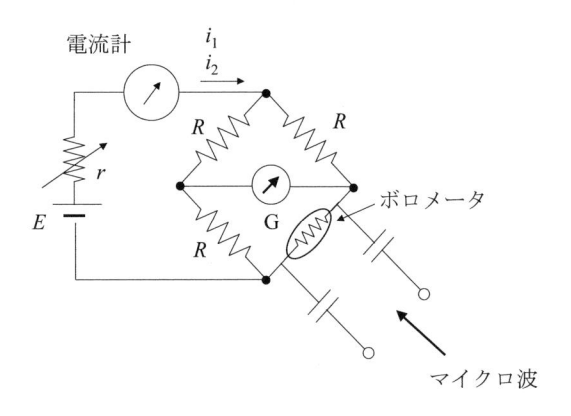

図 4.17 ボロメータブリッジ電力計

　ボロメータブリッジ電力計はマイクロ波電力の吸収による抵抗値の変化を利用するもので，図 4.17 のように，ホイートストンブリッジの一辺にボロメータを用いる．最初に直流電流を流し，その値を調整してブリッジのバランスをとる．このときブリッジに流れる電流を i_1 とする．この後，マイクロ波電力をボロメータに加えると，抵抗値が変化し，バランスが崩れる．そこで，再び直流電流の値を調整してバランスさせる．このときブリッジに流れる電流を i_2 とすれば，マイクロ波電力 P は以下の式で求めることができる．

$$P = \frac{R}{4}\left(i_1^2 - i_2^2\right) \tag{4.16}$$

　以上の手続きから明らかなように，ボロメータブリッジ電力計では，マイクロ波電力を直流電力に置き換えて測定 (直流置換) しているので，電力の絶対値

の測定が可能である．

　ボロメータとしては，第 2 章で述べたように，温度が上昇すると抵抗値が上がるバレッタと，これと逆に負の温度特性を持つサーミスタがある．サーミスタの感度がよいことと，バレッタが過電流に弱いことから，マイクロ波電力計用としては，ほとんどサーミスタが用いられる．サーミスタを用いたボロメータブリッジ電力計の測定可能電力レベルは -20 dBm ($10\ \mu$W) から $+10$ dBm(10 mW) 程度である．

　図 4.17 の方法では，2 回のバランスの操作が必要であり，測定に時間がかかる．そこで，実際の電力計では，図 4.18 のような自動平衡ブリッジ方式が採用されている．ブリッジの不平衡電圧を電圧電流変換し，直流バイアス電流を変化させて常にバランスをとる．

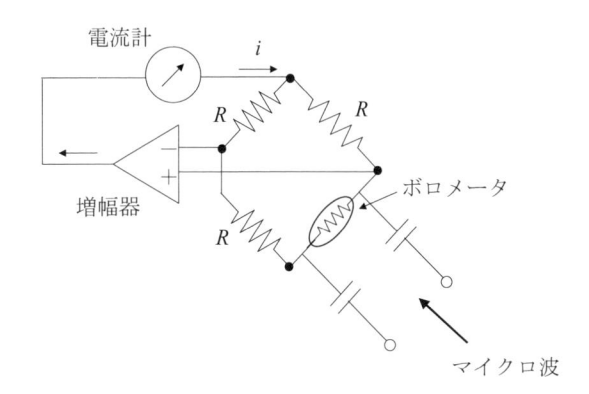

図 4.18　自動平衡方式のボロメータブリッジ電力計

　熱電対電力計は，熱電対の接点部分に電力を吸収させたときの熱電対の直流起電力を測定する．図 4.19 に示すような回路構成を用い，2 つの熱電対を並列の負荷として伝送線路と整合させマイクロ波を吸収させる．一方，直流的には，2 つの熱電対を直列に動作させて熱起電力を測定する．熱電対電力計の測定可能電力範囲はボロメータブリッジ電力計よりも広く，-30 dB$_m$($1\ \mu$W) から $+20$ dB$_m$(100 mW) 程度である．ただし，直流置換方式ではないので，電力の絶対値を校正するために，既知の出力電力を持つ基準発振器が内蔵されている．

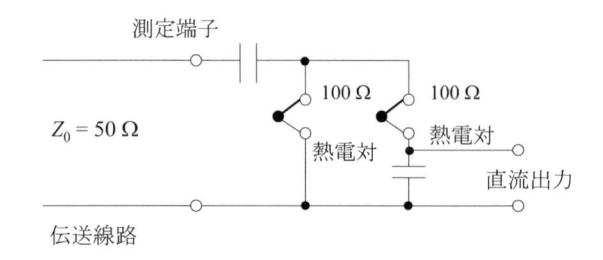

図 4.19 熱電対電力計

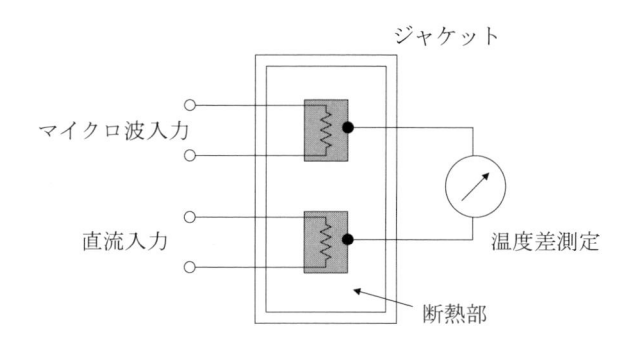

図 4.20 断熱型カロリーメータ電力計の基本的構成

　カロリーメータ電力計は，熱負荷に電力を吸収させ直流電力と置換するもので，マイクロ波電力の絶対値を測定するには，もっとも信頼できる電力計である．ただし，精度よく測定可能な電力レベルは普通，$+10 \text{ dB}_m (10 \text{ mW})$ 以上である．よく使われる断熱型カロリーメータの基本的な原理を図 4.20 に示す．熱絶縁された負荷にマイクロ波電力を加えたときの基準温度からの上昇と，直流電力を加えたときの温度上昇が同じになるように直流置換を行う．

　直流電力と正確に置換するためには，直流と高周波・マイクロ波で，特性ができる限り同一の熱負荷が要求される．また，周囲温度を十分安定化しなければならない．高精度のカロリーメータ測定は長い測定時間を必要とするため，熱負荷としてボロメータを用い，ボロメータブリッジ法と組み合わせる方法が開発されている．ボロメータを熱負荷とした場合，マイクロ波電力はボロメータ以外にも吸収される．しかし，いったんカロリーメータ法により全体の吸収電力を測定

すれば，それ以後，ボロメータブリッジ法による直流置換の結果を補正することができる．

(c) マイクロ波電圧計

回路の端子間の電圧を正確に測定するためには，その端子間のインピーダンスより十分大きな入力インピーダンスを持つ電圧計が必要である．数百 MHz 程度までの周波数であれば，ピーク値整流型電子電圧計など集中定数回路用の高周波電圧計を用いることができるが，これ以上の周波数領域では，電極間の浮遊容量やリード線のインダクタンスなどにより，十分大きな入力インピーダンスが得られなくなる．したがって，マイクロ波帯では，理想的な伝送線路の特性インピーダンスを基準として電圧を定義する．

マイクロ波用の電圧計の指示値は，電圧計のインピーダンスが基準となる伝送線路の特性インピーダンス (通常 50 Ω) と等しく反射がないものとして，入射電力 P_i と特性インピーダンス Z_0 から，

$$V_0 = \sqrt{Z_0 P_i} \tag{4.17}$$

として計算された整合電圧値 V_0 である．

演習問題 4

4.1 可動コイル型電流計において制動力が必要なことを，ばね秤を考えて説明せよ．

4.2 最大目盛値 100 μA，内部抵抗 900 Ω の直流電流計を用いて，最大値 1 mA までの直流電流を測定したい．どうしたらよいか．

4.3 可動コイル型電流計と全波整流回路を用いて正弦波の実効値を指示する交流電流計がある．これを用いて以下の図 4.21 のような三角波の交流を測定したら指示値はどうなるか．

4.4 同期検波の動作を説明せよ．

4.5 図 4.10 (a)，(b) に示すような 2 重積分型 (デュアルスロープ積分方式) の動作原理を説明せよ．

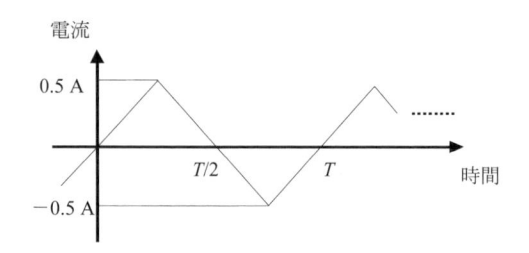

図 4.21 三角波

4.6 式 (4.7) に対応して，$VI\sin\varphi$ を「無効電力」と呼ぶ．無効電力はリアクタンス分に貯えられる電力である．無効電力の測定法を考えよ．

4.7 図 4.13 の P 型電圧計で，ダイオード D_2 を使用せず，A 点と C_2, R が直結されている場合はどのような出力となるか．

4.8 ベクトル電圧計では，なぜ参照信号が必要か．

4.9 VSWR が 1.2 のマイクロ波電力計で，吸収電力を入射電力とみなしたら，不整合誤差はいくらか．

4.10 図 4.17 のマイクロ波ボロメータ電力計において，電力が式 (4.16) で求まることを示せ．また，抵抗 r を変化させるだけでなぜバランスがとれるのか，その理由を述べよ．

第5章
インピーダンス測定器とネットワークアナライザ

5.1
インピーダンス

5.1.1 インピーダンスとアドミタンス

インピーダンス (impedance) は，素子や回路に加えた電圧と流れる電流の比である．加える電圧が交流の場合，当然，交流電流が流れるが，両者には位相差がある．したがって，一般にインピーダンス Z は大きさ $|Z|$ と位相角 θ を持ち，

$$Z = |Z|e^{j\theta} \tag{5.1}$$

と表すことができる．これを

$$Z = |Z|\angle\theta \tag{5.2}$$

と書くこともある．式 (5.1)，(5.2) は複素数を極座標で表しているが，直角座標で

$$Z = R + jX \tag{5.3}$$

と表すこともできる．実数部 R，虚数部 X と絶対値 (大きさ) $|Z|$, 位相角 θ との関係は，

$$R = |Z|\cos\theta \tag{5.4}$$

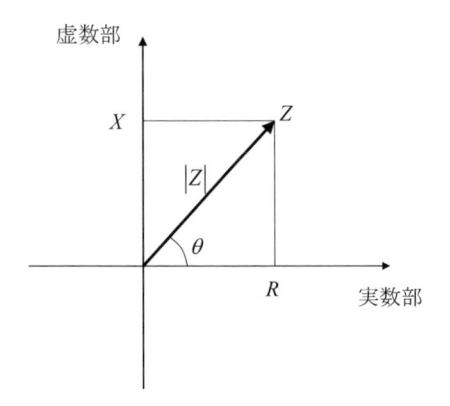

図 5.1 インピーダンスの図示

$$X = |Z| \sin\theta \tag{5.5}$$

あるいは,

$$|Z| = \sqrt{R^2 + X^2} \tag{5.6}$$

$$\theta = \tan^{-1}\left(\frac{X}{R}\right) \tag{5.7}$$

となる.電圧と電流が直流であれば,$\theta = 0$ であり,$R = |Z|$,$X = 0$ となるから,R は回路の抵抗分を表していることが分かる.一方,X はリアクタンス (reactance) と呼ばれ,回路において交流電圧と交流電流の位相差が生じる原因となる量である.インピーダンスの大きさ,リアクタンスとも,その単位は抵抗と同じくオーム [Ω] である.これらの関係を図示すれば,図 5.1 のようになる.

アドミタンス (admittance) はインピーダンスの逆数 $Y = 1/Z$ であり,直角座標で

$$Y = G + jB \tag{5.8}$$

と表したとき,G をコンダクタンス (conductance),B をサセプタンス (susceptance) という.コンダクタンスとサセプタンスの単位は,ジーメンス [S] である.

5.1.2 抵抗,コイル,コンデンサの回路モデル

周波数 f (角周波数 $\omega = 2\pi f$) において,抵抗分のない理想的なコイルのインダクタンスを L とすれば,そのリアクタンス X_L は,$X_L = \omega L$ となる.これを誘導性リアクタンス (inductive reactance) という.抵抗分のない理想的なコンデンサのキャパシタンス (容量) を C とすれば,そのリアクタンス X_C は,$X_C = -1/\omega C$ であり,容量性リアクタンス (capacitive reactance) という.

実際の回路素子である抵抗,コイル,コンデンサは,それぞれ抵抗分と誘導性リアクタンス分,抵抗分と容量性リアクタンス分のみを持っているわけではない.たとえば,物理的に考えると,リード線にはインダクタンスがあり,両側のリード線の間にキャパシタンスがある.

これを回路モデルで表すと,図 5.2 (a) のように表すことができる.この回路モデルは,抵抗に関して唯一のものではない.たとえば,抵抗の種類や周波数範囲によっては,同図 (b) のように,インダクタンスを無視して考えることもできる.同様に,コイルの回路モデルの例を図 5.3 に,コンデンサの回路モデルの例を図 5.4 に示す.これらの回路モデルで,カッコに囲まれた R, L, C は,本来はあって欲しくない成分を表している.

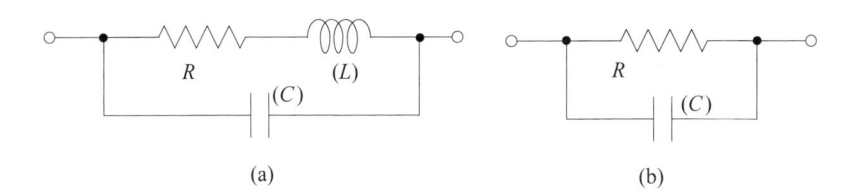

図 5.2 抵抗の回路モデル

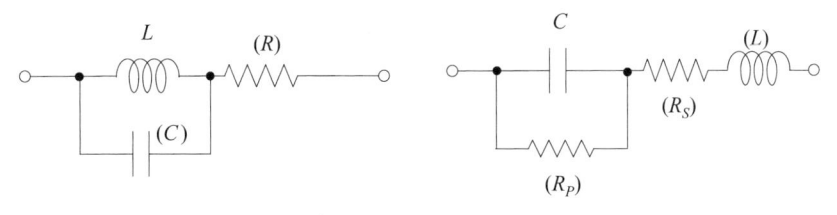

図 5.3 コイルの回路モデル

図 5.4 コンデンサの回路モデル

どのような回路モデルが適切であるかは，インピーダンスの周波数特性を実際に測定し，その結果への適合性によって決められる．

5.1.3 リアクタンス素子の損失の表示

リアクタンス素子 (コイルやコンデンサ) にどの程度の損失 (抵抗分) があるのかを示すパラメータとして Q と損失係数がある．Q は元来 quality factor の略号であったが，現在では単に Q と呼ばれ，リアンクタンス分 X と抵抗分 R の比

$$Q = \frac{X}{R} \tag{5.9}$$

として定義されている．Q は一般にコイルに対して用いられ，コンデンサについては通常 Q の逆数である損失係数 D が用いられる．D は dissipation factor の略号である．D はまた，インピーダンスの位相角 θ の余角 $\delta (= (\pi/2) - \theta)$ の正接 $\tan \delta$ と等しく，誘電正接あるいは「タンデルタ」とも呼ばれる．

5.2

集中定数回路とみなす測定

5.2.1 電圧電流測定法

インピーダンスは，回路素子に加えた電圧と流れる電流の比で定義されているから，当然この定義どおりに，電圧と電流の測定結果からインピーダンスを計算することができる．ただし，ここで使用する電圧計と電流計は振幅と位相を測定可能なベクトル電圧計，ベクトル電流計でなければならない．ベクトル電圧計は 4.2 節で述べたものを用いることができる．電流は，たとえば低抵抗の両端の電圧をベクトル電圧計によって測定し計算することができる．

この方法では，図 5.5 (a)，(b) のように，電圧と電流の測定回路が 2 種類考えられる．ここで，Z_V はベクトル電圧計の内部インピーダンス，Z_I はベクトル電流計の内部インピーダンスである．内部インピーダンスが無限大の理想的なベクトル電圧計と，内部インピーダンスが 0 の理想的なベクトル電流計を用いれば，どちらの回路でも同じ結果が得られるが，実際には，(a) の接続においては，被測定素子のインピーダンス Z_X は

5.2 集中定数回路とみなす測定

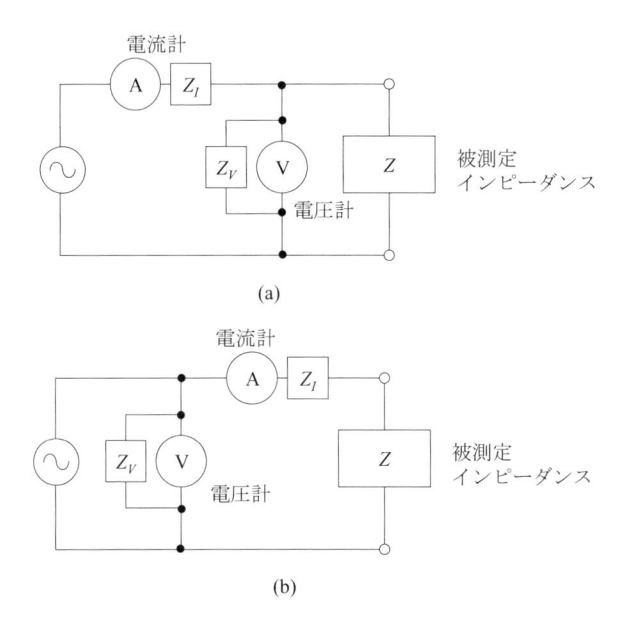

図 5.5 電圧電流測定法における 2 種類の測定回路

$$Z_X = \left(\frac{V_a}{I_a}\right) \cdot \frac{1}{1 - \dfrac{1}{Z_V}\left(\dfrac{V_a}{I_a}\right)} \tag{5.10}$$

となる．ここで，V_a，I_a はそれぞれ (a) の接続におけるベクトル電圧計とベクトル電流計の指示値である．一方，(b) の接続においては，被測定素子のインピーダンス Z_X は

$$Z_X = \left(\frac{V_b}{I_b}\right) - Z_I \tag{5.11}$$

となる．ここで，V_b，I_b はそれぞれ (b) の接続におけるベクトル電圧計とベクトル電流計の指示値である．ベクトル電圧計あるいはベクトル電流計の内部インピーダンスが正確に測定できれば，これらの式によって内部インピーダンスの影響を補正できる．

低周波領域および MHz 帯では，電流測定に電流電圧変換回路を用いる図 5.6 のような測定回路がよく採用される．この回路では，被測定素子のインピーダン

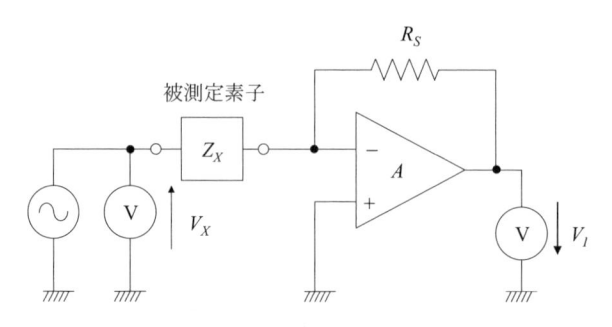

図 5.6 電流電圧変換回路を用いる測定回路

ス Z_X は

$$Z_X = R_S u = R_S(u_r + ju_i) \tag{5.12}$$

から求まる．すなわち，帰還抵抗 R_S は既知でなければならない．ここで，u は V_X と V_I の比 V_X/V_I であり，u_r はその実数部，u_i は虚数部である．したがって，V_X，V_I そのものを測定する必要はなく，その複素振幅比を測定すればよい．低周波では，電流電圧変換回路として演算増幅器が用いられる．MHz 領域では利得の低下と位相変化が問題となるため，電位差検出器 (ヌル・ディテクタ)，位相検波器，広帯域増幅器などを組み合わせて電流電圧変換回路を構成する．この回路によるインピーダンス測定は，自動平衡ブリッジ法と呼ばれている．また，これらの回路構成による測定器を一括して LCR メータと呼ぶことがある．さらに高い周波数まで測定するには，図 5.7 に示すように電流測定にトランスを使用する．この方法は，高周波電流電圧計法 (RF I-V 法) と呼ばれている．

以上の方法ではいずれも，測定器端子におけるインピーダンスを測定する．しかし，実際には端子から被測定素子までの間にはリード線があり，周波数が高くなると浮遊容量やインダクタンスなど，その影響が無視できなくなる．また，SMD(surface mount device) などの微小な部品のインピーダンスを測定するには，テストフィクスチャと呼ばれる特別な治具が使用され，その特性が測定結果に含まれてしまう．そこで，精度よく測定するためには，これらを一定の回路モデルで表し，その影響に起因する誤差を補正することが行われる．

もっとも一般に用いられるのは，図 5.8 に示すように，リード線やテストフィ

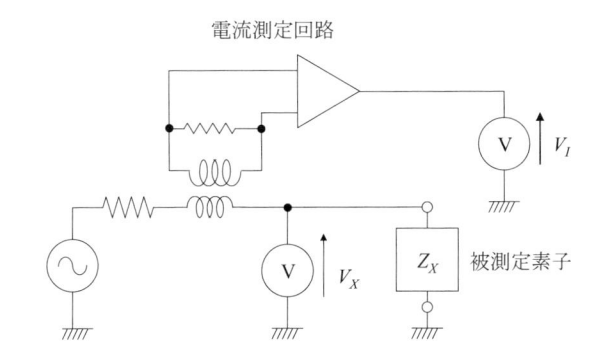

図 5.7 高周波電流電圧計法 (RF I-V 法)

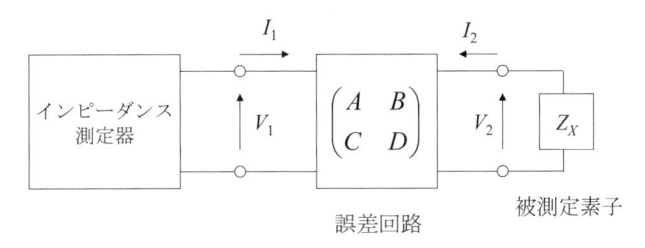

図 5.8 誤差補正のためのモデル化

クスチャの影響を 2 端子対回路の縦続行列で表す方法である．ここで，A，B，C，D は縦続行列の要素であり，2 端子対回路の入力電圧・入力電流 V_1, I_1 および出力電圧・入力電流 V_2, I_2 とは以下の関係がある．

$$\left. \begin{array}{l} V_1 = AV_2 + BI_2 \\ I_1 = CV_2 + DI_2 \end{array} \right\} \tag{5.13}$$

このモデルで，2 端子対回路が対称回路 ($A = D$) であると仮定すれば，接続端子を開放 (open)，短絡 (short) とすることにより，以下の式で誤差補正ができる．

$$Z_X = Z_{mO} \frac{Z_{mS} - Z_{mX}}{Z_{mX} - Z_{mO}} \tag{5.14}$$

ここで，Z_{mO}, Z_{mS}, Z_{mX} はそれぞれ，接続端子を開放したとき，短絡したとき，および接続端子に被測定素子を接続したときの測定器端子におけるインピーダンス値である．この方法を Open/Short 補正という．2 端子対回路が対称回路

であると仮定できない場合は，接続端子を開放状態と短絡状態とする他に，インピーダンス値が既知の負荷を1つ接続する．この方法は Open/Short/Load 補正と呼ばれている．

5.2.2 Q メータ

Q メータはもともと LC 直列回路の共振を利用してコイルのインダクタンスと損失を求めるための測定器であったが，コイル以外の一般的な素子のインピーダンスの測定にも利用できる．図 5.9 のような損失のある LC 直列回路において，コンデンサの損失がコイルの損失よりはるかに小さいとすると，等価回路の抵抗分 r はコイルの損失によって決まる．このとき，共振角周波数 ω_0 とコイルの Q は以下のようになる．

$$\omega_0 = \frac{1}{\sqrt{LC}} \tag{5.15}$$

$$Q = \frac{\omega_0 L}{r} \tag{5.16}$$

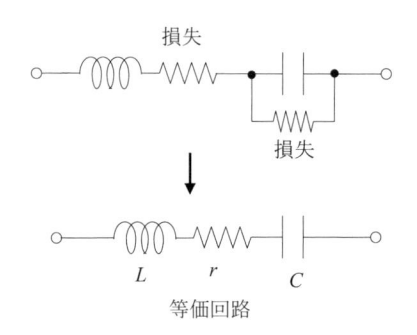

図 5.9 損失のある LC 直列回路とその等価回路

また，図 5.10(a) のように，共振角周波数 ω_0 において，電源の起電力 E_g とコンデンサの両端の電圧 V_C を測定すれば，Q は V_C と E_g との比 V_C/E_g と等しくなる．したがって，共振角周波数 $\omega = \omega_0$ と V_C/E_g を測定することにより，式 (5.15)，(5.16) によって L と r が求まる．これが，Q メータでコイルのインダクタンスと損失を測定する基本的な原理である．

(a) 共振回路

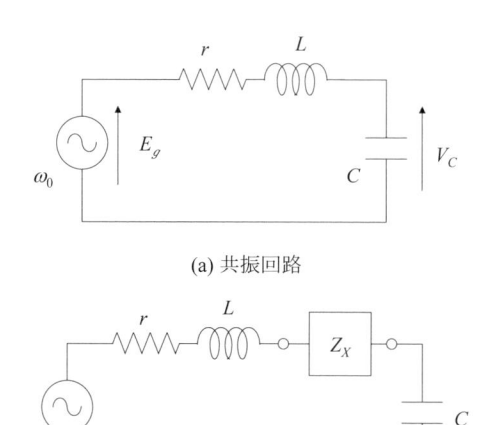

(b) 被測定インピーダンスの接続

図 5.10　Q メータを用いたインピーダンスの測定

素子のインピーダンスを測定するには，最初に図 5.10(a) のように，被測定素子を接続しない状態で，コンデンサの容量を調整し，回路を共振させる．このときのコンデンサの容量と Q をそれぞれ C_0, Q_0 とすれば，以下のようになる．

$$\omega_0 L = \frac{1}{\omega_0 C_0} \tag{5.17}$$

$$Q_0 = \frac{1}{r \omega_0 C_0} \tag{5.18}$$

次に図 5.10(b) のように，インピーダンス $Z_X = R_X + jX_X$ を持つ被測定素子をコイルと直列に接続し，同じ周波数で共振するように再びコンデンサの容量を調整する．このときのコンデンサの容量と Q をそれぞれ C_X, Q_X とすれば，

$$\omega_0 L + X_X = \frac{1}{\omega_0 C_X} \tag{5.19}$$

$$Q_X = \frac{1}{(r + R_X) \omega_0 C_X} \tag{5.20}$$

となるから，被測定素子の抵抗とリアクタンスは以下のように求まる．

$$R_X = \frac{1}{\omega_0}\left(\frac{1}{C_X Q_X} - \frac{1}{C_0 Q_0}\right) \tag{5.21}$$

$$X_X = \frac{1}{\omega_0 C_X} - \frac{1}{\omega_0 C_0} \tag{5.22}$$

5.3
分布定数回路と考える測定

5.3.1 Sパラメータ

3.1 節ですでに説明したように，ある回路において，取り扱う信号の周波数が低く，波長が回路の寸法よりも十分長ければ集中定数回路として考えることができる．しかし，周波数が高く (波長が短く) なり，相対的に素子を結ぶ導線の寸法が波長に比べて無視できない長さとなると，導線自体を分布定数回路である伝送線路として取り扱う必要がある．さらに，高周波・マイクロ波領域では，電圧や電流よりも電力の方が精度よく測定できるようになるため電力が基本的な量となり，電圧や電流は逆に電力と特性インピーダンスから求める．回路の特性も，電圧・電流に基づいたインピーダンスなどに代わって，電力に基づいたSパラメータ (scattering parameter) で表されることが一般的である．このとき，回路の入出力の端子対をポート (port) と呼び，ポートの存在する位置を基準面 (reference plane) と呼ぶ．したがって，4 端子回路は 2 ポート回路 (2 端子対回路) となる．

図 5.11 に 2 ポート回路を示す．ここで，a_1，a_2 はそれぞれ基準面 1，2 における入射波 (incident wave)，b_1，b_2 はそれぞれ基準面 1，2 における反射波 (reflected wave) あるいは出射波 (emergent wave) といわれる量である．入射波は，基準面を回路に向かって横切る電圧と同じ位相を持ち，振幅がその方向に進む電力の平方根に比例する波であり，反射波 (出射波) は基準面を回路から出てゆく方向に横切る電圧と同じ位相を持ち，振幅がその方向に進む電力の平方根に比例する波である．

一般に，入射波 a，反射波 b と，3.1 節で述べた入射電圧波 V_i，反射電圧波 V_r との関係は，伝送線路の特性インピーダンスを Z_0 とすれば，

5.3 分布定数回路と考える測定

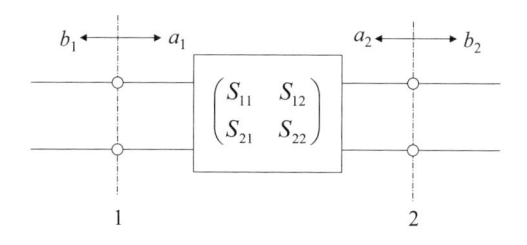

図 5.11 2 ポート回路

$$\left.\begin{array}{l} a = \dfrac{1}{\sqrt{Z_0}} V_i \\ b = \dfrac{1}{\sqrt{Z_0}} V_r \end{array}\right\} \tag{5.23}$$

である．すなわち，入射波，反射波が測定され，特性インピーダンスが分かれば入射電圧波，反射電圧波が計算できる．入射波，反射波は図 5.12 に示す 1 ポート回路においても定義され，式 (3.8) の反射係数は

$$\Gamma = \frac{b}{a} \tag{5.24}$$

となる．また，入射波の電力を p，反射波の電力を q とすれば，定義から，$p = |a|^2, q = |b|^2$ である．

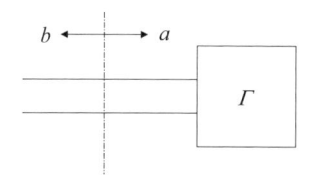

図 5.12 1 ポート回路と反射係数

2 ポート回路において，入射波と反射波の関係は，回路特性である S パラメータによって以下のように書ける．

$$\left.\begin{array}{l} b_1 = S_{11} a_1 + S_{12} a_2 \\ b_2 = S_{21} a_1 + S_{22} a_2 \end{array}\right\} \tag{5.25}$$

ここで，S_{11}，S_{22} は回路の反射特性を，S_{12}，S_{21} は回路の透過特性を表す S パラメータである．特に，S_{21} は回路が増幅器であれば利得特性を，増幅機能のない受動回路 (passive circuit) であれば減衰特性を表しており，もっとも重要なパラメータである．S パラメータは，反射係数と同様に絶対値と位相を持つ複素数であり，それらの絶対値は無次元量である．S_{21} の大きさ (絶対値) をデシベル表示した

$$A = 20 \log_{10} |S_{21}| \tag{5.26}$$

を減衰量 (attenuation) という．

5.3.2 ネットワークアナライザ

　高周波・マイクロ波領域の回路のパラメータとしては，インピーダンス，反射係数，定在波比，減衰量などがあり，従来それぞれの量に対して異なった測定法が用いられていた．しかし，これらすべての量は被測定回路の S パラメータの値と伝送線路の特性インピーダンスから求めることができる．現在では，S パラメータを高精度に測定できる測定器としてネットワークアナライザ (network analyzer) が開発され，広く使用されている．

　ネットワークアナライザは，基本的には 2 開口の S パラメータを測定するための電子計測器である．S パラメータの大きさ (絶対値) のみを測定するものをスカラネットワークアナライザ (scalar network analyzer)，S パラメータの絶対値と位相を測定するものをベクトルネットワークアナライザ (vector network analyzer) として区別することもあるが，スカラネットワークアナライザはあまり使われず，単にネットワークアナライザといえばベクトルネットワークアナライザを指すことが多い．

(a)　方向性結合器

　ネットワークアナライザを構成するための重要な部品として方向性結合器 (directional couple) がある．方向性結合器は伝送線路内の入射波あるいは反射波の一部を取り出すためのものであり，その基本的な機能を図 5.13 に，外観の例を写真 5.1 に示す．

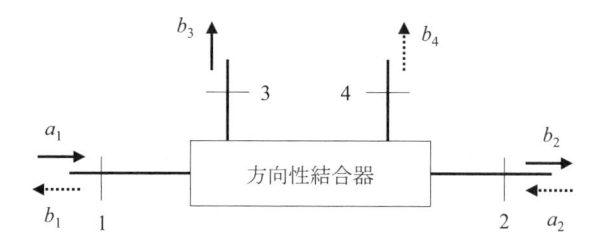

図 5.13　方向性結合器の機能

写真 5.1　方向性結合器

　理想的には，ポート 1 からの入射波の一部はポート 3 へ出るが，ポート 4 へは出ない．一方，ポート 2 からの入射波の一部はポート 4 へ出るが，ポート 3 へは出ない．ポート 1 からの入射波を a_1 とし，ポート 3 から方向性結合器の外部に向かう波 (出射波) を b_3 とすると，

$$C = 10\log\left(\frac{|a_1|^2}{|b_3|^2}\right) \quad [\text{dB}] \tag{5.27}$$

を結合度 (coupling factor) という．実際には，方向性結合器の不完全性により，ポート 1 からの入射波の一部は，ポート 4 からも出る．ポート 4 から方向性結合器の外部に向かう波 (出射波) を b_4 とすると，

$$D = 10\log\left(\frac{|b_3|^2}{|b_4|^2}\right) \quad [\text{dB}] \tag{5.28}$$

を方向性 (directivity) という．マイクロストリップ線路を用いて方向性結合器を作成する例を図 5.14 に示す．実用的に方向性結合器に要求される性能は，方

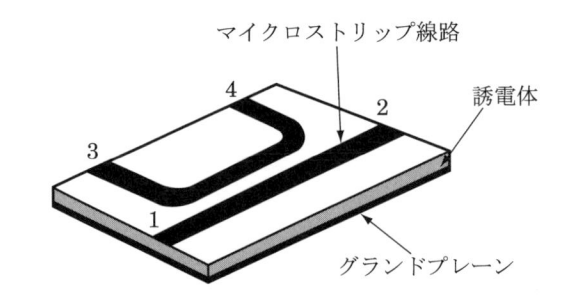

図 5.14 マイクロストリップ線路による方向性結合器

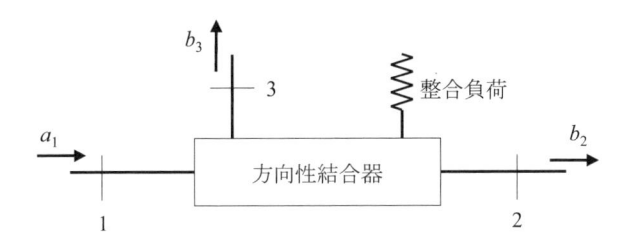

図 5.15 3 ポート方向性結合器

向性が大きいこと，結合度の周波数依存性が小さいこと，各ポートにおける反射が小さいことなどである．

目的によっては，図 5.13 の方向性結合器のように 4 ポートではなく，3 ポートの方向性結合器も用いられる．しかし，これは図 5.15 のように，ポート 4 を整合負荷 (matched load) で終端し，見かけ上 3 ポートとしたものである．

(b) **基本構成**

ベクトルネットワークアナライザの基本構成を図 5.16 に示す．発振器には周波数を高精度に設定可能な周波数シンセサイザ (frequency synthesizer) が用いられる．S_{11} および S_{21} の測定では，スイッチにより発振器が方向性結合器 1 側に接続されるようにする．

このとき，測定系が完全であれば，方向性結合器 1 の出力開口からの出射波は図の a_1，b_1 に，方向性結合器 2 の左側の出力開口からの出射波は b_2 に比例する．また，$a_2 = 0$ とみなせるので，

5.3 分布定数回路と考える測定

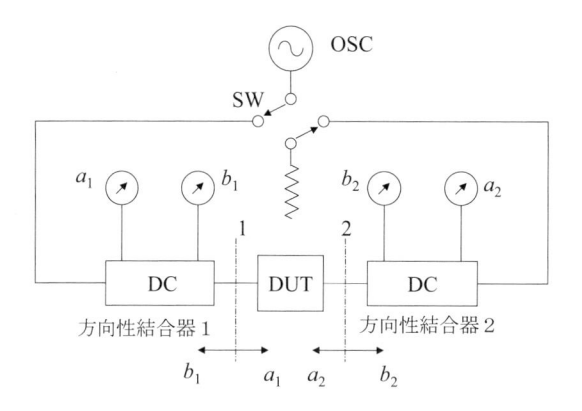

図 5.16 ネットワークアナライザの基本構成 (OSC：主発振器, DC：方向性結合器, DUT：被測定回路, SW：スイッチ)

$$S_{11} = \frac{b_1}{a_1}, \qquad S_{21} = \frac{b_2}{a_1} \tag{5.29}$$

によって S_{11}, S_{21} が求められる.

S_{12} および S_{22} の測定では，発振器が方向性結合器 2 側に接続されるようにスイッチを切り替える．方向性結合器 1 の右側の出力開口からの出射波は b_1 に，方向性結合器 2 の出力開口からの出射波は b_2, a_2 に比例する．このとき，$a_1 = 0$ とみなせるので，

$$S_{12} = \frac{b_1}{a_2}, \qquad S_{22} = \frac{b_2}{a_2} \tag{5.30}$$

によって S_{12}, S_{22} が得られる．また，1 あるいは 2 のどちらかの方向性結合器だけを使うことにより，1 ポートの反射係数を測定することもできる．これらの測定に必要な b/a の振幅比・位相差の測定は，第 8 章で説明するようなヘテロダイン検波 (heterodyne detection) により，マイクロ波を低周波に変換し，ディジタル回路により行われる．また，内蔵のコンピュータ (データ処理装置) により，S パラメータまたは反射係数から，減衰量，インピーダンス，アドミタンス，定在波比など他の回路パラメータへの変換は即座に行うことができる．

(c) 校正法

ネットワークアナライザにおいて式 (5.29), (5.30) の計算では, 測定系が完全であると仮定している. しかし実際には, 各回路素子における反射や方向性結合器の不完全性などがあり, 測定精度を劣化させる. そこで, 被測定回路に代わって, 値のわかった標準器を接続し, そのときの応答から測定系の不完全性を表すシステム定数を計算する. このプロセスは校正 (calibration) と呼ばれている. 校正後に, 被測定回路を接続し, そのときの応答とシステム定数から, 誤差分を補正した結果が得られる. この校正によって, S パラメータの広帯域でかつ高精度な測定を行うことが可能となる.

以下に述べるように, 校正のための手法としては, 短絡 (short), 開放端 (open), 整合負荷 (load), および直接接続 (through) を用いる方法 (SOLT 法) や, 直接接続 (through), 反射 (reflection), 伝送線路 (line) を用いる方法 (TRL 法) など多くの方法が開発されている.

ここでは, SOLT 法について説明する. まず, 反射係数の測定では, 図 5.17 のように測定器の測定開口と被測定負荷との間に誤差回路を仮想的に考え, この他の測定回路は理想的なものであるとする. 基準面の番号は測定器側を 0 とし, 被測定負荷側を 1 とする. 誤差回路の特性は S パラメータで表すが, 被測定回路の S パラメータと区別するため, $e_{00}, e_{01}, e_{10}, e_{11}$ という記号を使うことにする.

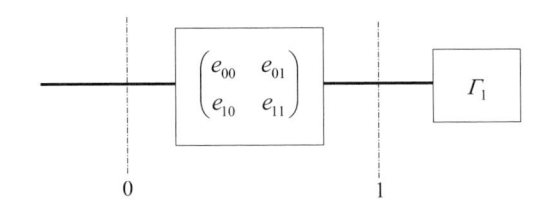

図 5.17 反射係数測定における誤差回路

開口 1 に反射係数 Γ_1 の被測定負荷を接続したとき, 基準面 0 から見た反射係数 (誤差を補正していない反射係数) $\gamma_0 \equiv b_0/a_0$ と, 反射係数 Γ_1 との関係は次のようになる.

$$\gamma_0 = e_{00} + \frac{e_{01}e_{10}\Gamma_1}{1-e_{11}\Gamma_1} \tag{5.31}$$

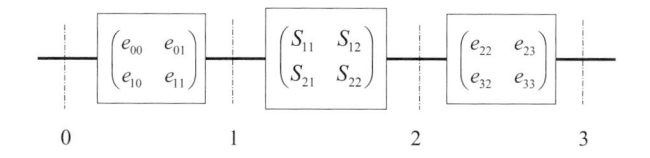

$$\begin{array}{c}\begin{pmatrix} e_{00} & e_{01} \\ e_{10} & e_{11} \end{pmatrix} \quad \begin{pmatrix} S_{11} & S_{12} \\ S_{21} & S_{22} \end{pmatrix} \quad \begin{pmatrix} e_{22} & e_{23} \\ e_{32} & e_{33} \end{pmatrix}\end{array}$$

図 5.18　S パラメータ測定における誤差回路

ここでシステム定数は e_{00}，$e_{01}e_{10}$，e_{11} の3つであり，これらを校正できれば，Γ_1 に関する誤差補正が可能となる．e_{01} と e_{10} は個別に求める必要はなく，積の形で一括して求めればよい．

まず，e_{00} は理想的な整合負荷が得られるならば，それを開口1に接続して $\Gamma_1 = 0$ とすることで容易に求まる．残る $e_{01}e_{10}$ と e_{11} は $\Gamma_1 = -1$ の短絡器および $\Gamma_1 = +1$ の開放器を開口0に接続し，そのときの応答を $e_{01}e_{10}$ と e_{11} を未知数とする連立方程式として解くことで求まる．

図 5.18 に示すような2開口のSパラメータを測定するための校正では，これまで述べてきた反射係数測定用の校正と同じことを開口1と2について2回行うが，必要なシステム定数としては，これら2回の操作で求まるものの他，$e_{10}e_{32}$ と $e_{23}e_{01}$ が必要となる．これらを求めるため，開口1と開口2を直結し，そのときの応答から $e_{10}e_{32}$ と $e_{23}e_{01}$ を計算する．

これらの校正を行うネットワークアナライザは，自動化ネットワークアナライザ (automatic network analyzer) と呼ばれることがある．ネットワークアナライザの測定周波数は，kHz オーダーからミリ波まで及び，測定ダイナミックレンジ 100 dB 以上のものが開発されており，校正によってSパラメータの広帯域・高精度な測定を実現している．

演習問題 5

5.1　抵抗とコンデンサが直列に接続されている回路を LCR メータで測定したところ，抵抗分は 50 Ω，キャパシタンスは 0.04 μF となった．この回路の周波数 100 kHz におけるコンダクタンスおよびサセプタンスはいくらか．

5.2 インダクタンス分が無視できる図 5.2(b) の抵抗の等価回路において，R が 100 kΩ でキャパシタンス (C) が 1 pF のとき，抵抗分が直流抵抗の半分となる周波数はいくらか．またそのとき，リアクタンス分はいくらか．

5.3 インダクタンス 200 μH，Q が 10 のコイルと，損失が無視できるキャパシタンス 100 pF のコンデンサがある．このコイルとコンデンサを直列に接続したら，共振周波数および共振時のインピーダンスはいくらか．

5.4 電圧電流測定法によるインピーダンスの測定において，電圧計と電流計の内部インピーダンスが不明である．そこで，式 (5.10) と式 (5.11) を用いずに，電圧計と電流計の指示値の比をインピーダンスとする．この場合，図 5.5(a)，(b) の 2 種類の接続は，どのように使い分けたらよいか．理由と共に述べよ．

5.5 インピーダンス測定において，リード線やテストフィクスチャの影響を補正する式 (5.14) を導け．

5.6 Q メータにコイルを接続して，周波数を 100 kHz としたとき，標準コンデンサの目盛 200 pF でメータの振れが最大となり，$Q = 50$ を示した．コイルのインダクタンスと抵抗分を求めよ．

5.7 図 5.19 のように Q メータの標準コンデンサ C に並列に，無損失の被測定コンデンサを接続すれば，このコンデンサのキャパシタンス C_X を測定できる．測定方法を述べよ．

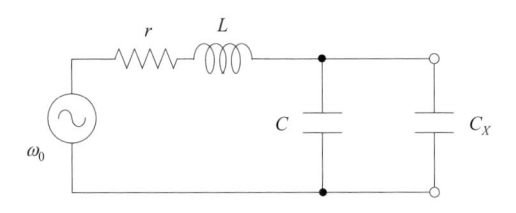

図 5.19　Q メータによるコンデンサの測定

5.8 電力計を用いて，受動回路の減衰量を測定する方法を述べよ．また，正確に測定するため電力計に要求される条件は何か．

5.9 図 5.17 の反射係数測定における誤差回路において，開口 1 に反射係数 $\varGamma_1$ の被測定負荷を接続したとき，基準面 0 から見た反射係数を表す式 (5.31) を導け．

5.10 理想的な整合負荷，短絡器および開放器を用いて，図 5.17 の反射係数測定における誤差回路における 3 つのシステム定数 e_{00}，$e_{01}e_{10}$，e_{11} を求めよ．

第6章
オシロスコープと波形観測

6.1
オシロスコープ

　オシロスコープ (oscilloscope) は基本的には電圧の時間変化を観測し，ピーク値やパルス幅など波形に関するパラメータを測定するためのものであり，種々の電気・電子機器の開発や製造，理工学の研究など広い分野に渡って使用される重要な電子計測器である．低周波の波形観測には，ペンレコーダや電磁オシログラフなども用いられるが，MHz オーダーあるいはそれ以上の周波数成分を含む電気信号の波形を観測できる測定器としては，オシロスコープが唯一のものといってよい．

6.1.1　波形のパラメータ

　正弦波に関するパラメータは，周波数 (あるいは周期)，最大値，平均値，実効値など明確に定義されている．一方，パルス波形のパラメータは，波形自体がさまざまな形をとることから，多くのパラメータと定義が考えられる．よく用いられるピーク値 (peak value) は波高値とも呼ばれ，図 6.1 のように，すべてのパルスに対して用いられる一般的な言葉である．図に示すように正のピーク値，負のピーク値という用語が用いられる場合もある．また，正負のピーク値の振幅を peak-to-peak 値と呼ぶ．

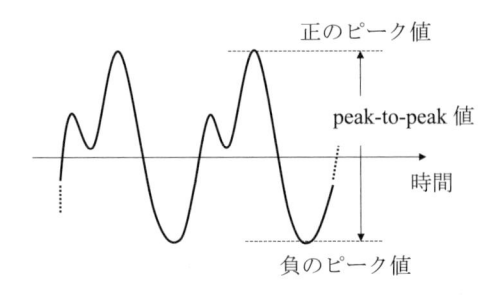

図 6.1 波形のピーク値

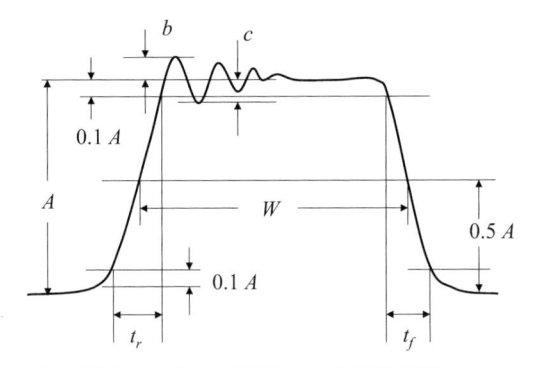

A：基本振幅, t_r：立上り時間, t_f：立下り時間,
W：パルス幅, b/A：オーバーシュート, c/A：リンギング

図 6.2 パルス波形のパラメータ

　ピーク値以外の波形パラメータであるパルス幅，立ち上り時間，立ち下り時間などに関しては，特定の波形を指定しなければ定義できない．IEC(国際電気標準会議) の規格では，これらを定義するために図 6.2 のような，方形パルスが入力された場合の RLC 回路の応答を想定している．立ち上り時間は，0 から基本振幅に達するまでの時間のうち，10 %から 90 %までの遷移時間である．

　ただし，オシロスコープの性能を評価する場合の立ち上り時間としては，6.2 節で述べるような，RC 低域フィルタのステップ応答波形を想定することが普通である．

6.1.2 アナログオシロスコープ

(a) 基本的な構成と原理

　図 6.2 に示すような，ブラウン管 (Cathode Ray Tube：CRT) を用いる波形観測装置がもっとも古くからあるオシロスコープであり，現在でも広く用いられている．CRT の電子ビームを観測したい信号の振幅に応じて垂直軸方向に振り，同時に一定の時間推移に比例して水平軸方向にも偏向し，時間波形を蛍光面に描く．この方式では，CRT が信号の振幅測定器と表示装置を兼ねている．このオシロスコープをブラウン管オシロスコープと呼ぶことがあるが，ブラウン管は次節で述べるような，別の原理によるディジタルオシロスコープの表示装置としても使われるので，ここでは，アナログオシロスコープ (analog oscilloscope) と呼ぶ．

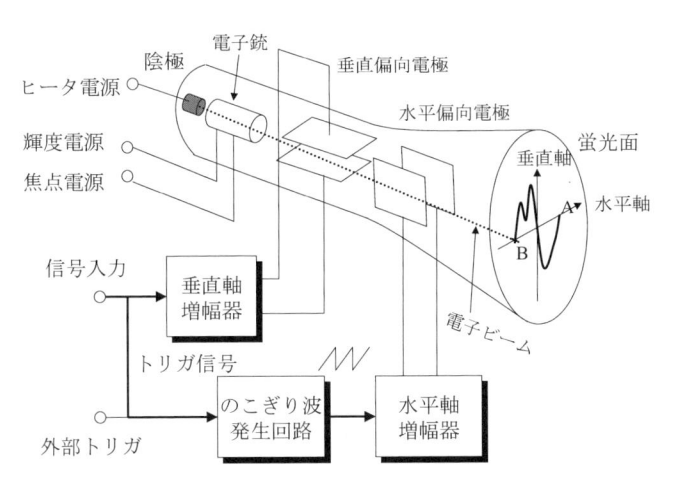

図 6.3　アナログオシロスコープの基本的な構成

　アナログオシロスコープは，テレビジョンを連想すると原理を理解しやすい．ただし，テレビジョンでは，電子ビームを振るためにコイルによる磁界を用いているが，アナログオシロスコープでは電極間の電界によって電子ビームを振る．図 6.2 のように，真空管と同様に陰極 (cathode) をヒータで高温にして電子を放出させる．放出された電子は，高電圧が加えられた陽極 (anode) の中を通り

加速される．この部分は，電子銃 (electron gun) と呼ばれる．電子銃の構造は，電子ビームが蛍光面 (画面) で焦点を結び，小さな輝点となるように設計されている．

周期的に変化する信号電圧を増幅して垂直偏向電極に加えると，電子ビームが電極間の電界によって垂直方向に向きを変え，結果として蛍光面の輝点が垂直に動く．しかし，これだけでは蛍光面において垂直軸 (Y 軸) に平行な線が描かれるだけで波形は観測できない．そこで，もう1つの水平偏向電極に時間とともに増加していく電圧を加え，水平軸 (X 軸) 方向に振る．これを掃引 (sweep) という．ただし，画面の大きさには限りがあるので，一定周期でもとの電圧に戻す必要がある．結局，水平偏向電極には図に示したようなのこぎり波 (ramp signal) が加えられる．このように水平方向の偏向を時間推移に比例させたとき，水平軸を「時間軸」と呼ぶことがある．

このやり方で波形が静止して見えるためには，のこぎり波の周期を観測波形の周期と一致させるか，あるいは，のこぎり波の周期が観測波形の周期の $1/N$ (N は整数) となっていなければならない．前者の場合，画面に観測波形の1周期分が描かれ，後者では，N 周期分が描かれる．このようにすることを時間軸の同期 (synchronization) をとるという．同期をとるために，図 6.4 のように，信号波形の一部からパルス信号を作り，このパルス信号をもとにしてのこぎり波を発生させる．このことをトリガ (trigger) をかけるといい，パルス信号をトリガ信号という．

トリガ信号は，オシロスコープの内部で作成することもできるが，外部からオシロスコープに入力してもよい．前者を内部トリガ (internal trigger)，後者を外部トリガ (external trigger) という．なお，図 6.4 におけるのこぎり波の a 点から b 点までの電圧変化によって，図 6.3 で A 点から B 点までの帰線がオシロスコープの画面に描かれてしまう．そこで，a 点から b 点までの時間は輝度調整電圧を変えて帰線消去を行う．

非周期的な繰り返し波形を観測するためには，図 6.5 (a) に示すように，のこぎり波の時間間隔を信号波形に合わせ，画面の同じ位置に波形が重なるようにする．このような方式をシンクロスコープと呼ぶことがある．このとき，観測波形の最初の部分が見えなくなるのを避けるために，垂直軸増幅器の後に遅延回

6.1 オシロスコープ　99

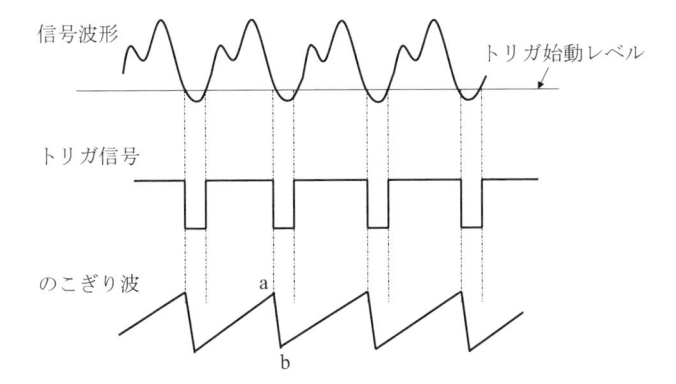

図 6.4　トリガ信号によるのこぎり波の発生

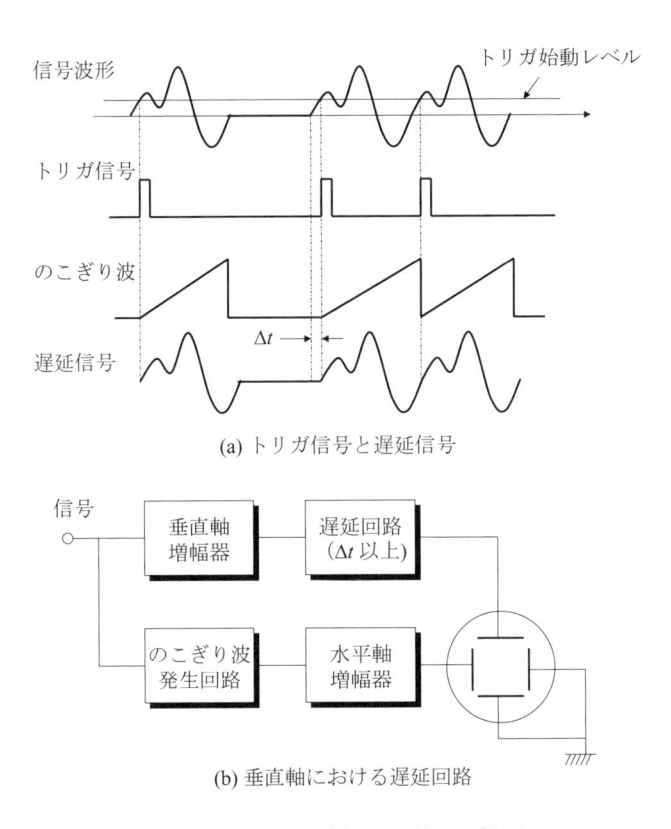

(a) トリガ信号と遅延信号

(b) 垂直軸における遅延回路

図 6.5　非周期的な繰り返し波形の観測

路 (delay circuit) を入れて垂直偏向電極への観測信号の到着を遅らせる.

(b)　2現象の観測

オシロスコープによる波形観測では，同一周期の，あるいは相互に同期している，異なる波形を同時に観測して比較したいことが多い．このため，ほとんどのオシロスコープでは，このような2つの波形を同じ時間軸で表示するための機能が付いている．アナログオシロスコープでこの動作を行わせるために，オルタネート (alternate) とチョップ (chop) の2つの方式が開発され，目的によって使い分けられている．

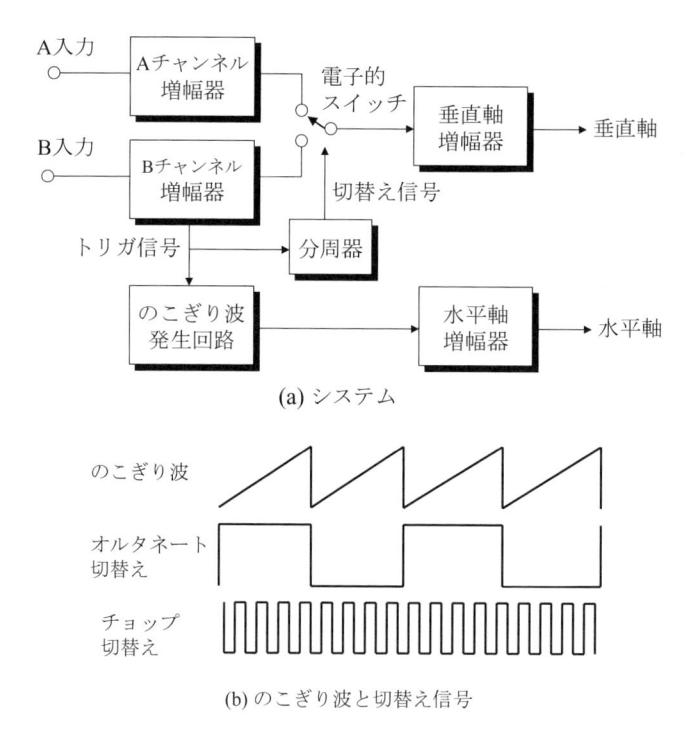

(a) システム

(b) のこぎり波と切替え信号

図 6.6　オルタネート方式とチョップ方式による2現象の観測

オルタネート方式は，図6.6のように，AチャンネルとBチャンネル2つの入力のどちらか一方，この図ではBチャンネルの信号に同期させて水平軸方向

の掃引を行う．垂直軸は電子回路を用いた電子的スイッチにより，のこぎり波の1周期ごとに交互に，AチャンネルのB信号とBチャンネルの信号が入力される．このままでは画面に2つの波形が重なってしまうので，通常は垂直軸にバイアス電圧を加え，2つの波形を垂直方向(上下)にずらして分離する．のこぎり波はBチャンネルの信号に同期しているので，Aチャンネルの信号が同期していない場合は，時間軸方向に移動してしまう．このオルタネート方式は，主として観測信号の周波数が高いときに用いられる．信号の周波数が低いと，画面の波形がちらついて見にくくなる．

一方，チョップ方式は，信号の周波数よりも十分高い周波数の方形波で電子的スイッチを切り替える．このため，画面の波形は方形波で変調された破線状のものとなるが，蛍光面の輝点がある程度の大きさを持っているため，つながった線として見える．2つの波形を垂直方向(上下)にずらして分離するのは，オルタネート方式と同様である．この方式は，主として観測信号の周波数が低いときに用いられる．信号の周波数が高いと，非常に高い方形波の周波数が必要となり，電子的スイッチを実現することも困難となる．

(c) サンプリング

アナログオシロスコープで観測可能な最高周波数は，原理的には，垂直偏向電極の間を電子が走行する時間によって決まる．すなわち，電子が走行している間に電極に加えられている電圧の符号が変わってしまうと，偏向は行われなくなる．このため，アナログオシロスコープで観測可能な最高周波数は，通常の方式では数百 MHz 程度である．

しかし，周期的な信号波形に対しては，サンプリング (sampling) の手法を用いると，はるかに高い周波数の信号波形を観測することが可能になる．その原理を図 6.7 に示す．すなわち，繰り返し信号に対し，1周期以上の時間間隔で波形のサンプリングを行い，得られたデータから1周期分の波形を合成する方法である．

アナログオシロスコープにこの方法を適用するためには，サンプリングして得られたパルス電圧のピーク値を一定時間保持する必要がある．このためには，コンデンサに充電して記憶するか，あるいは，画像ストレージ型のCRTを用い

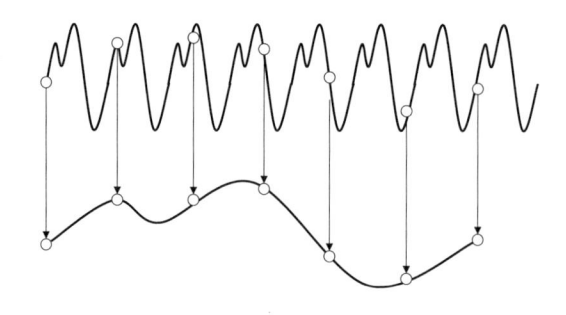

図 6.7　周期波形に対するサンプリング

る．注意すべきは，この方法は，周期的な繰り返し信号のみに適用可能であり，単発信号には適用できないことである．波形を合成するためには，その合成波形1つを構成するサンプリング点数以上の繰り返し数が必要であり，時間がかかる．

アナログオシロスコープはこれまで，2次電子放出を繰り返す電子増倍管を蛍光面の直前に置いて高輝度を得る構造を持つマイクロチャンネルプレート付きCRT，シリコンなどを電子ビームのターゲットとし，蓄積媒体とするスキャンコンバータ管など新しい技術により，偏向系の高感度化や，高速化・広帯域化が図られてきた．マイクロチャンネルプレート付きCRTは，高速掃引においても単発波形を観測できる特長を持っている．

6.1.3　ディジタルオシロスコープ

1980年代前半に，半導体の高速A/D変換器を用いたディジタルオシロスコープ (digital oscilloscope) が開発され，その後，急速に性能が向上した．A/D変換器の出力データ信号は半導体メモリに記憶されるので，ディジタルストレージオシロスコープ (Digital Storage Oscilloscope : DSO) とも呼ばれる．ディジタルオシロスコープにおいて，A/D変換器以降のメモリ，処理，表示部はコンピュータと考えてもよい．表示装置もCRTばかりでなく，液晶ディスプレイなどが用いられている．

ディジタルオシロスコープの基本的構成を図 6.8に示す．ディジタルオシロスコープは必ず水平軸（時間軸）に関してサンプリングを行う．垂直軸（信号軸）に関しては，サンプリングされた電圧を，A/D変換により離散的なディジタル信

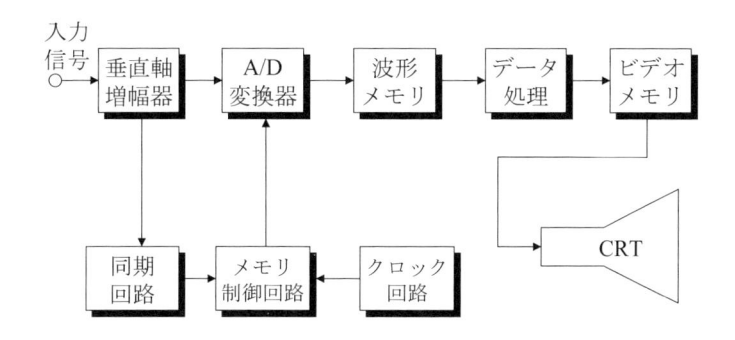

図 6.8　ディジタルオシロスコープの基本的構成

号に変換する．サンプリングの方式としては，実時間サンプリング方式と等価時間サンプリング方式に分けられる．

　実時間サンプリングとは，実際に行われるサンプリングの時間間隔と，表示される波形データの時間間隔とが等しいサンプリング方法である．この方式で必要なサンプリング時間間隔は，サンプリング定理 (sampling theorem) によって決まり，測定すべき波形に含まれる周波数成分の最高周波数に対応する周期の半分よりも十分短くなければならない．したがって，早い変化波形を観測するためには，高速の A/D 変換器が必要となるが，トリガ以前の波形を記録するプリトリガ (pre-trigger) が可能となる特長がある．通常，トリガ信号が発生した時点で波形データのメモリへの書きこみを開始するが，プリトリガによる波形記録では，図 6.9 のように，波形のサンプリングとメモリへの書きこみ，消去を常時行い，トリガ信号の発生時点でメモリへの書きこみを停止する．

　一方，等価時間サンプリングは，実際に行われるサンプリングの時間間隔が，測定すべき波形を表現するための時間間隔よりも大きいサンプリング方法であり，図 6.7 のアナログオシロスコープにおけるサンプリングと基本的には同じである．この方法は，ディジタルオシロスコープでは，シーケンシャルサンプリング (sequential sampling) と呼ばれる．波形の合成方法には，図 6.7 のシーケンシャルサンプリングの他に，図 6.10 のようなランダムサンプリング (random sampling) がある．

　シーケンシャルサンプリングでは，トリガポイントを基準として，時間的に

図 6.9　プリトリガ

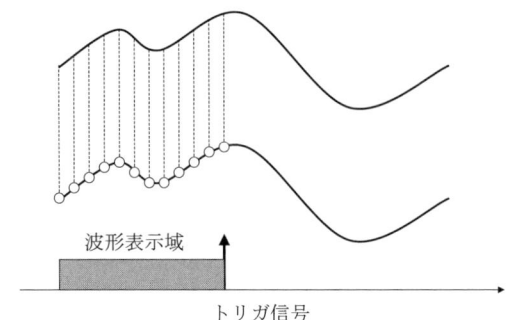

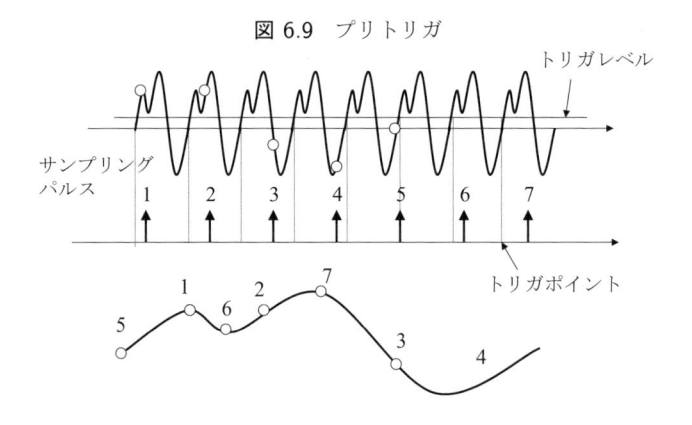

図 6.10　ランダムサンプリング

ΔT だけ遅れた時点を順次サンプリングする．この場合，サンプリングの時間間隔 (サンプリングレート，sampling rate) 自体は観測すべき波形の数十倍以上でよく，測定すべき波形に関する時間分解能は，どの程度の分解能でサンプリングレートを設定できるかによって決まるので，ピコ秒オーダーの超高速波形の測定が可能となる．ランダムサンプリングは，被測定波形の周期とは無関係にオシロスコープの内部クロックにしたがってサンプリングを行い，サンプリングパルスとトリガポイントの間の時間を別途測定して，個々のデータが被測定波形の一周期のどの位置に相当するかを計算し，合成する方式であり，プリトリガが可能である．

6.1.4 オシロスコープの分類と性能

これまで述べたことを整理すると,オシロスコープは,表 6.1 に示すように,水平軸 (時間軸) に関して,アナログ的に測定する方式と,一定の時間間隔でサンプリングして測定する方式に分けることができる.

表 6.1 オシロスコープの分類

水平軸	垂直軸	サンプリング方式	A/D 変換	波形メモリ	呼　　称
アナログ	アナログ		なし	なし	オシロスコープ
サンプリング		等価時間	なし	ストレージCRT	サンプリングオシロスコープ
		実時間	*	*	波形デジタイザ
	ディジタル	実時間	あり	半導体	ディジタルオシロスコープ
		等価時間	あり	半導体	ディジタルオシロスコープ

* スキャンコンバータ管の出力を A/D 変換している.

サンプリングの方式としては,実時間サンプリング方式と等価時間サンプリング方式に分けられ,さらに,等価時間サンプリングは,シーケンシャルサンプリングとランダムサンプリングに分けられる.時間軸のサンプリングを行うアナログオシロスコープは,サンプリングオシロスコープと呼ばれる.

一方,垂直軸に関しては,アナログ信号のまま処理する方式と,A/D 変換によりディジタル信号に変換する方式があり,後者をディジタルオシロスコープと呼んでいる.ディジタルオシロスコープは必ず時間軸に関してサンプリングを行うが,サンプリング方式のオシロスコープがすべてディジタルオシロスコープではない.等価時間サンプリング方式のディジタルオシロスコープを単に「サンプリングオシロスコープ」と呼ぶことがあり,アナログ方式のサンプリングオシロスコープと混同しやすいので,注意が必要である.垂直軸の感度 (垂直軸 1 目盛の最小電圧) はアナログオシロスコープ,ディジタルオシロスコープとも 1 〜 10 mV 程度であり,電圧の測定精度は ±2 % 程度が普通である.

等価時間サンプリング方式のディジタルオシロスコープは,単発波形の観測には適用できないが,DC〜数十 GHz までの超高速・広帯域の信号観測が可能で

ある．一方，実時間サンプリング方式のディジタルオシロスコープは，単発波形の観測も可能であり，4 チャンネル (同時に 4 種類の波形観測が可能)，サンプルレート 10 GSa/s(1 秒間に 10^{10} 回のサンプリングが可能)，帯域 3 GHz 以上の性能が実現されている．

入力信号を A/D 変換し，半導体メモリに記憶する専用の装置を波形デジタイザ (waveform digitizer) あるいは，トランジェント・デジタイザ (transient digitizer) などと呼ぶこともあるが，これらもオシロスコープの一種と考えてよい．現在では，波形デジタイザの機能は，ほとんどディジタルオシロスコープに含まれている．

6.2

波形の観測

6.2.1 波形のひずみ

オシロスコープで観測する信号波形が高速になると，入力回路の影響，内部の増幅器の周波数帯域，A/D 変換あるいは CRT の性能などによって，表示される波形は実際の波形とは異なり，ひずみが生じる．一般にアナログオシロスコープでは，このひずみの影響を，図 6.11 に示す入力等価回路 (RC 低域フィルタ) によって近似する．

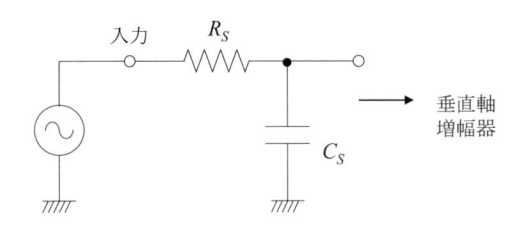

図 6.11 オシロスコープの入力等価回路

この等価回路は，入力の周波数が高くなると，コンデンサ C_S 両端の出力電圧の振幅 (画面に表示される電圧の振幅) が小さくなっていくことを表現している．

入力が直流の場合の出力電圧を基準として，交流の出力電圧の振幅が $1/\sqrt{2}$ となる周波数，すなわち，電力が 3 dB 低下する周波数 F は

$$F = \frac{1}{2\pi \cdot R_S C_S} \tag{6.1}$$

となる．オシロスコープの性能として，周波数帯域が示されるが，これは式 (6.1) の -3 dB 周波数である．

オシロスコープでは，完全な正弦波を観測するよりも，種々のパルス波形を観測することが多いので，パルス応答に対する性能パラメータが必要である．この性能パラメータとして，図 6.11 の等価回路に，ある時間までは 0 で急に一定の電圧となるステップ電圧波形が加えられたときの応答を用いる．この応答の立ち上がり時間 T_r は以下のようになる．

$$T_r \cong 2.2 R_S C_S \tag{6.2}$$

式 (6.1) と式 (6.2) から，以下のように周波数帯域と立ち上がり時間の関係が求まる．

$$F \cdot T_r = 0.35 \tag{6.3}$$

たとえば，周波数帯域 100 MHz のアナログオシロスコープの立ち上がり時間は 3.5 ns である．ディジタルオシロスコープでは，この立ち上がり時間内に最低でも 5 ポイントのサンプリングを行う．たとえば，1 ns の立ち上がり時間を持つ波形を観測するためには，5 GSa/s 以上のサンプリングレートを持つディジタルオシロスコープが必要である．

6.2.2 プローブ

オシロスコープは一種の電圧測定器であるから，被測定回路に与える影響を小さく抑えるためには，その入力インピーダンスは大きいほどよいことになる．被測定回路に与える影響を考える場合には，図 6.11 の直列等価回路よりも図 6.12 に示す並列等価回路の方が便利である．

図 6.12 に示した並列等価回路の R_P，C_P と図 6.11 の直列等価回路における R_S，C_S との関係は

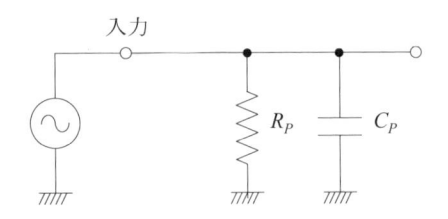

図 6.12 オシロスコープ入力部の RC 並列等価回路

$$\left.\begin{array}{l} R_P \cong \dfrac{1}{D^2} R_S \\ C_P \cong C_S \end{array}\right\} \tag{6.4}$$

である．ここで，D は損失係数 $\omega R_S C_S$ であり，式 (6.4) では D は 1 よりも十分小さいものとしている．通常，$R_P = 1\,\mathrm{M}\Omega$，$C_P = 20\,\mathrm{pF}$ 程度で，周波数が高いと並列コンデンサ C_P のリアクタンスが無視できなくなってくる．

そこで，被測定回路に与える影響を小さく抑えるために，図 6.13 のような，プローブ (probe) が用いられる．

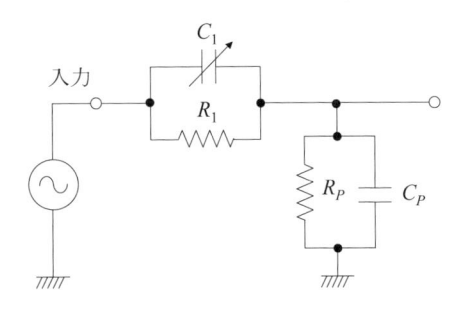

図 6.13 プローブの基本的回路構成

プローブに要求されることは，入力抵抗をできるだけ大きくすることと，波形ひずみをできるだけ小さく抑えることである．まず後者を考えてみると，プローブの R_1，C_1 とオシロスコープ入力の R_P，C_P が以下の関係を満足すれば，

$$R_1 C_1 = R_P C_P \tag{6.5}$$

オシロスコープの入力電圧 V_0 が周波数によらずに，プローブの入力電圧 V_1

によって以下のように決まる．

$$V_0 = \frac{R_P}{R_1 + R_P} V_1 \tag{6.6}$$

また，このとき，プローブの入力抵抗は，$R_1 + R_P$ となる．したがって，プローブの R_1 と C_1 の値を適切に選んでやれば，波形ひずみなしに，入力抵抗を大きくすることができる．プローブのコンデンサの値は，同軸ケーブルが持つ容量の影響などを補正するために半固定とし，調整できるようになっていることが普通である．

ただし，プローブの入力抵抗をオシロスコープの入力抵抗の 10 倍になるようにすれば，オシロスコープへの入力電圧は 10 分の 1 となる．つまり，プローブは感度を犠牲にして入力抵抗を大きくしていることになる．そこで，感度を低下させないように，FET(電界効果トランジスタ) 増幅器を用いたアクティブ (能動) プローブも用いられる．

以上では，測定系をすべて集中定数回路とみなしている．しかし，周波数が高くなり，プローブの同軸ケーブルを分布定数回路として考えなければならなくなってくると，反射による波形ひずみを考える必要が出てくる．プローブに入力された電圧波形は同軸ケーブル内を伝わり，オシロスコープの入力で反射されてプローブ入力に戻り，再び反射されるという多重反射 (multiple reflection) が起こり，この結果，波形がひずむ．

そこで，周波数帯域が広いオシロスコープでは，反射が起こらないように，入力インピーダンスを同軸ケーブルの特性インピーダンスと等しい 50 Ω とし，整合状態が実現できるようになっている．この場合は，図 6.14 のような入力インピーダンスが数百 Ω 以下の低インピーダンスプローブが用いられ，GHz 領域まで使用することができる．ただし，被測定回路のインピーダンスは 50 Ω 程度以下に限られる．

オシロスコープのプローブとしては，これまで述べたような電圧測定用のプローブの他に，電流プローブも用いられる．電流プローブの基本的な原理は，電流の周辺の磁界をフェライトなどの高透磁率を持つリング状のコアに集中させ，このコアにピックアップコイルを巻いて，出力電圧を得る．実際には，測定すべき線路への着脱を容易にするために，コアを 2 分割して開閉できるようなクラ

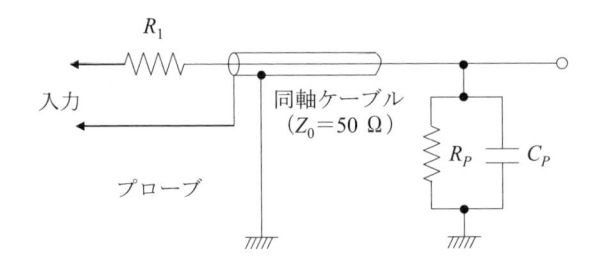

図 6.14 低インピーダンスプローブ

ンプオン構造を採用したものが多い．原理的には，磁界プローブであるが，特性を適切に校正することによって電流測定を行うことができる．

演習問題 6

6.1 オシロスコープにおいて，時間軸の同期について説明し，その必要性を述べよ．

6.2 等価時間サンプリングとは何か．等価時間サンプリングによって，1 周期あたりサンプル点 100 の波形を得るための条件を考えよ．

6.3 図 6.11 の等価回路において，ステップ電圧波形が加えられたときの応答の立ち上り時間を表す式 (6.2) を導け．また，周波数帯域 200 MHz のオシロスコープの立ち上り時間はいくらか．

6.4 プローブの R_1, C_1 とオシロスコープ入力の R_P, C_P が式 (6.5) の関係を満足すれば，オシロスコープの入力電圧 V_0 が周波数によらずに，プローブの入力電圧 V_1 によって式 (6.6) のように決まることを導け．

6.5 入力抵抗 $R_P = 1$ MΩ，入力キャパシタンス $C_P = 20$ pF のオシロスコープがある．入力抵抗を 10 倍にするプローブを設計せよ．このプローブを用いると，オシロスコープへの入力電圧はどうなるか．

第7章
周波数カウンタと周波数の測定

7.1
時間と周波数の測定

　時間は物理学において基本的で普遍的な量であり，その単位は7つのSI基本単位 (SI base units) [*1] の1つ秒 (second) [s] である．周波数 f は正弦的に変化する現象の1繰り返し時間 (周期) を T とすればその逆数，

$$f = \frac{1}{T} \tag{7.1}$$

であり，周波数の測定と時間の測定は，基本的には同じであると考えてよい．SI基本単位による表現は s^{-1} であるが，ドイツの物理学者 Hertz にちなんだ固有の名称ヘルツ (Herz) [Hz] の使用が許されている．周波数は，あらゆる物理量の中でもっとも正確に測定可能な量であり，電子計測の分野においても，その測定はきわめて重要である．電力などのエネルギーに関連した量の測定においても，インピーダンスなど回路パラメータの測定においても，まず周波数を測定しておく必要がある．また，周波数の測定がきわめて正確に可能であることから，別の測定量をセンサによって周波数に変換して測定することもよく行われる．水晶温度センサがその典型的な例である．

　周波数は，基本的には，正弦波状の周期現象に対して測定される．たとえば，図 7.1 のような変化をする現象の1繰り返し時間 T を測定し，その逆数を式

[*1] 巻末の付録参照．

(7.1) にしたがって計算しても，この波形の周波数を $1/T$ [Hz] ということはできない．強いていえば，「この波形の基本波の周波数が $1/T$ [Hz] である」という表現になる．1 秒間に $1/T$ 回変化するという意味で $1/T$ サイクル毎秒 [c/s] という表現があるが，現在 c/s という単位は使われていない．

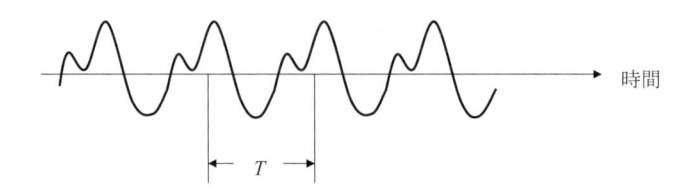

図 7.1 非正弦的な繰り返し波形とその周期

7.2
周波数測定方法の種類

　周波数を測定する方法としては，表 7.1 のように正弦波の 1 秒あたりの振動数を数える方法と，1 周期の時間を測定して式 (7.1) によって逆数をとる方法が主なものである．もっとも広く用いられている周波数測定器である周波数カウンタ (frequency counter) にもこの 2 つの方式がある．周波数カウンタにおいては，前者の方法は直接計数方式と呼ばれ，後者の方式はレシプロカル (reciprocal) 方式と呼ばれる．周期を測定するには，周波数カウンタ以外に，オシロスコープを用いることができる．すなわち，正弦波の波形をオシロスコープの画面上に描かせれば，水平軸 (時間軸) の目盛から 1 周期の時間が求められる．しかし，オシロスコープの時間軸の測定精度は周波数カウンタよりはるかに劣る．

　以上 2 つの方法の他，回路の共振特性と回路定数から測定する方法がある．たとえば，コイルとコンデンサで構成された LC 共振器を用いる方法などである．次章で説明するスペクトラムアナライザを用いて周波数を測定することもでき，この方法に分類できる．しかし，これらの方法の測定精度も周波数カウンタの精度に及ばない．以下では，主として周波数カウンタに力点を置いて周波数の測定を説明する．

表 7.1 周波数測定方法の種類

測定方法	計測器
単位時間の振動数を測定	直接計数方式周波数カウンタ
1 周期の時間を測定	オシロスコープ
	レシプロカル方式周波数カウンタ
共振回路の定数から計算	ウィーンブリッジ
	LC 共振周波数計
	空洞共振周波数計

7.3 周波数カウンタ

7.3.1 原理と基本的な構成

　周波数カウンタは，正弦波信号をパルス信号に変換し，ディジタル回路によってパルス数を数える測定器であり，その精度のよさと使用に特別の技術がいらないことから，周波数を測定するためにもっとも広く使用されている．周波数の測定だけでなく，データ処理により，2 チャンネル入力の周波数差，周波数比や時間差，位相などを測定できる電子計測器はユニバーサルカウンタ (universal counter) と呼ばれている．

　図 7.2(a) に，1 秒あたりのパルス数を数える直接計数方式の周波数カウンタの基本的な構成を示し，図 7.2(b) に，1 周期の時間を測定するレシプロカル方式の周波数カウンタの基本的な構成を示す．図 7.2(a) の構成では，入力正弦波信号は波形変換回路で 1 周期ごとに 1 つのパルスを持つパルス列に変換される．このパルス列をゲート (gate, 門) 回路に入れる．ゲート回路は，高い安定度を持つ水晶発振器 (crystal oscillator) で構成された時間基準パルス発生器により一定時間だけゲートを開け，パルス列を通過させる．通過したパルス数を計数回路で数える．たとえば，ゲートを開ける時間が正確に 1 秒であれば，計数回路で数えたパルス数が周波数測定結果となる．したがって，測定結果の分解能は被測定信号の周波数に依存する．たとえば，ゲートを開ける時間が 1 秒のとき，100 Hz の信号を測定する場合の分解能は 2 桁となる．

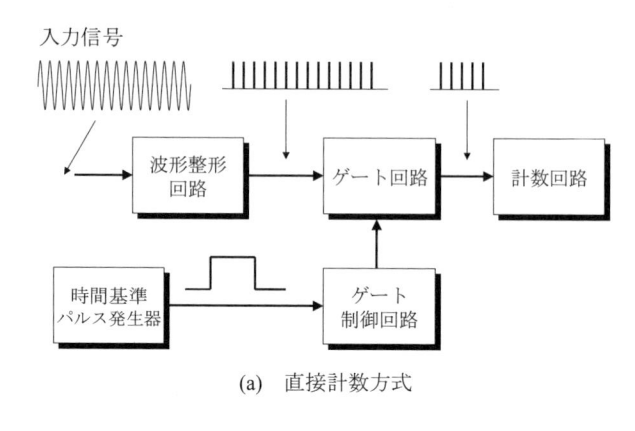

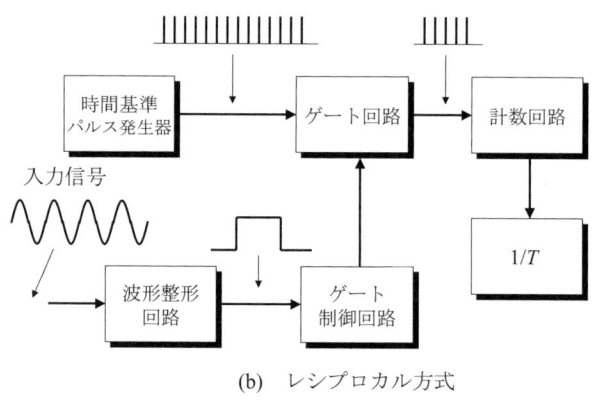

114　第7章　周波数カウンタと周波数の測定

(a)　直接計数方式

(b)　レシプロカル方式

図 7.2　周波数カウンタ

　一方，図 7.2(b) の構成では，同図 (a) とは逆に，時間基準パルス発生器で作られたパルス列をゲート回路に入れる．ゲート回路は，入力信号を波形変換した方形波により入力信号の 1 周期 T だけゲートを開ける．この結果，ゲートを通過したパルス数を計数回路で数えれば，入力信号の 1 周期が何秒であるかが測定される．この方式では，直接計数方式と逆に，測定結果の分解能は被測定信号の周波数に依存しないが，分解能を上げるには，時間基準パルス発生器のクロック周波数を向上させる必要がある．このため，以前は低い周波数の測定用として用いられていた．しかし，現在では高速の時間基準パルス発生器が容易に得られ

るようになったため，このレシプロカル方式が主流となっている．

直接計数方式，レシプロカル方式のどちらも，計数回路によってゲート回路を通過したパルスの数を数える．計数回路は，フリップフロップ (flip-flop) と呼ばれるディジタル回路によって構成されている．フリップフロップとは2つの安定状態を表現する言葉で，金属製の蓋 (ふた) を押したときと，もとに戻したときの「ポコン・ペコン」という擬音に相当する英語である．その動作は，図 7.3 のように，トリガ信号としてのパルスが入力されると，そのパルスの立ち上りあるいは立ち下りのどちらか (この図の例では，立ち下り) によって，出力の状態が 1 から 0 へ，0 から 1 へと変わる．このフリップフロップを，たとえば，図 7.4 のように縦続的に接続する．左から計数すべきパルスが入るごとに，全体のフリップフロップの状態を右から読めば，入力パルスの数を 2 進数で表していることになる．この図ではフリップフロップの右側に斜線が引かれているときを 0，左側に斜線が引かれているときを 1 としている．この 2 進数を 10 進数に変換する．

以上述べたような，ゲートを通過したパルスの数を数える方法においては，ゲートを開閉する方形パルスとゲートを通過するパルスの同期がとれていないため，±1 カウント誤差と呼ばれる誤差が発生する．たとえば，図 7.5 では，ゲートを開閉する方形パルスとゲートを通過するパルスとの位相関係が (i) のとき通過パルスは 5 であるが，位相関係が (ii) のとき通過パルスは 4 となり，実際にどちらになるかは不確定である．

この誤差を低減し高分解能を実現するため，レシプロカル方式においては，端数時間の測定が行われる．この方法では，図 7.6 に示すように，クロックパルスからゲートを開閉する方形パルスの両端までの時間 Δt_1，Δt_2 を測定して，方形パルスの継続時間すなわち測定すべき被測定信号の周期 T を求める．たとえば，図 7.6 の場合では，クロックパルスの周期を T_0 とし，ゲートを通過するクロックパルス数を N とすれば，以下のように T が計算できる．

$$T = NT_0 + (\Delta t_1 - \Delta t_2) \tag{7.2}$$

端数時間 Δt_1，Δt_2 は，時間差を電圧に変換し A/D 変換器を用いて測定するか，またはクロックパルスの位相をずらすことによって測定する．

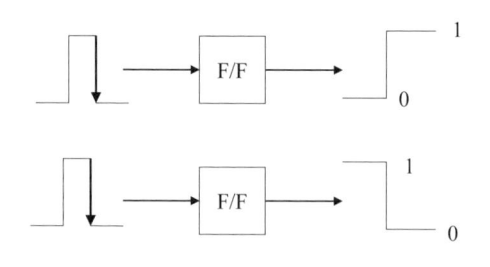

F/F: flip-flop

図 7.3 フリップフロップの動作

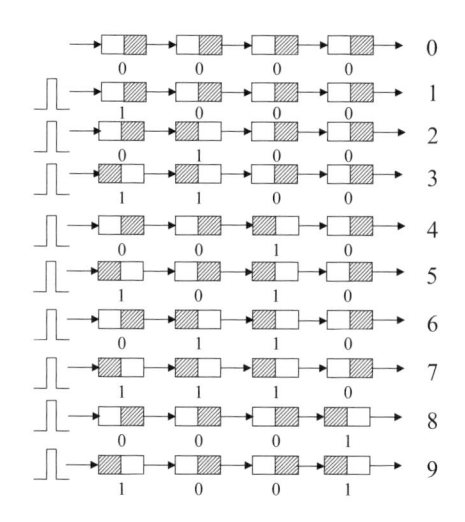

図 7.4 計数回路の例

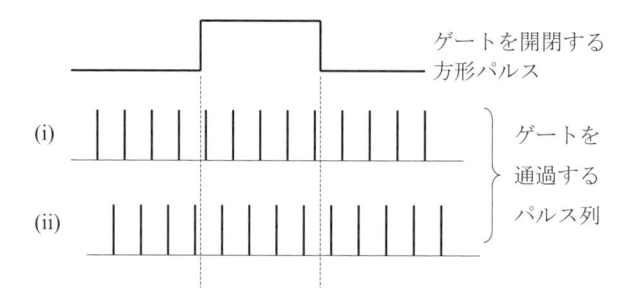

図 7.5 ±1 カウント誤差

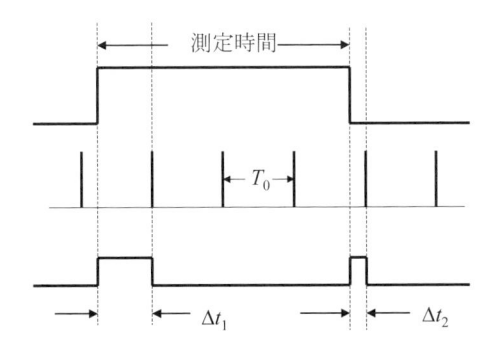

図 7.6 端数時間の測定によるレシプロカル方式の高分解能化

7.3.2 マイクロ波周波数カウンタ

以上述べた周波数カウンタは，パルス回路とディジタル回路によって構成されているため，マイクロ波のような高い周波数を直接測定することは困難となる．そこで，分周器を用いてパルス周期を長くして測定するか，あるいはヘテロダインによって測定信号を低い周波数に変換して測定する．

分周器を用いる方式の構成例を図 7.7 に示す．同図 (a) は直接計数方式であり，ゲート回路に入力する信号パルス周期と時間基準パルス発生器からの方形パルス周期の両方を分周器で M 倍にする．同図 (b) はレシプロカル方式であり，ゲートを開閉するための入力信号を波形変換して作られた方形パルス周期を分周器で M 倍にし，M 倍長い時間ゲートを開ける．これらの方式により，数 GHz 程度までの周波数の測定が可能となる．

さらに高い周波数のマイクロ波を測定するために，図 7.8 に示すような，ヘテロダイン方式のマイクロ波周波数カウンタがある．この方式では，マイクロ波周波数 f_S の入力信号と周波数 f_{LO} が正確に既知のローカル信号 (local signal) をミクサ (mixer, 混合器) によって掛け合わせる．この結果，両者の和と差 $f_S \pm f_{LO}$ の 2 つの周波数に変換される．これをヘテロダイン (heterodyne) による周波数変換 (frequency conversion) という．マイクロ波周波数カウンタでは，後段のフィルタによって，差の周波数成分 $f_{IF} = f_S - f_{LO}$ だけ通過させる．信号周波数 f_S とローカル信号周波数 f_{LO} の差 f_{IF} を中間周波数 (intermediate frequency, IF) と呼び,フィルタを中間周波数フィルタ (IF フィルタ) と呼ぶ.中間周波数を MHz オーダーとすれば,直接計数方式あるいはレシプロカル方式の周波数カウンタによって測定でき,その測定周波数に既知の f_{LO} を加えれば被測定信号の周波数 f_S が得られる.この方式で 2～3 段階の周波数変換を行えば,100 GHz 程度のミリ波 (millimeter wave) 領域までの周波数測定が可能となる.

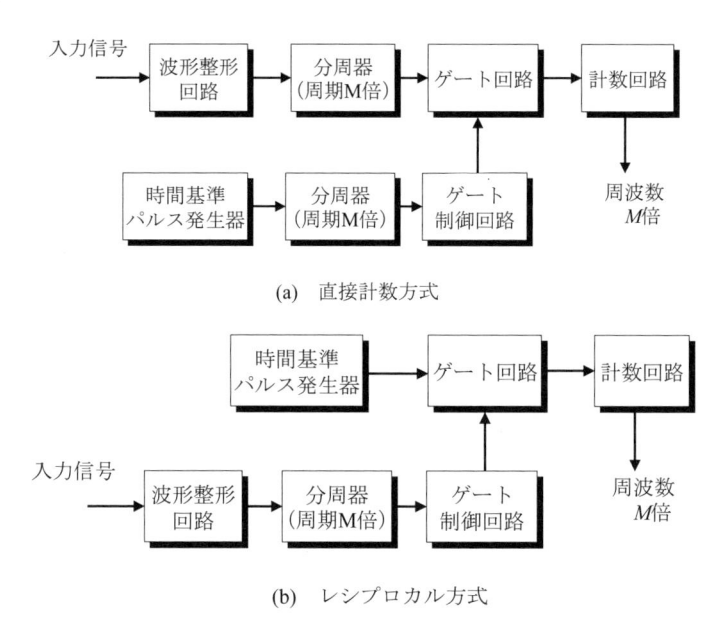

(a) 直接計数方式

(b) レシプロカル方式

図 7.7 分周器を用いたマイクロ波周波数カウンタ

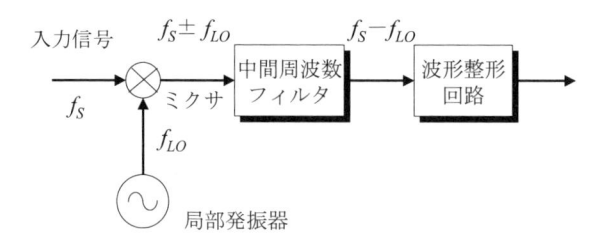

図 7.8 ヘテロダイン方式マイクロ波周波数カウンタ

7.4 回路定数による周波数の測定

7.4.1 ウィーンブリッジ

交流ブリッジの中で，図 7.9 に示すウィーンブリッジは，以下の平衡条件

$$f_S = \frac{1}{2\pi CR} \tag{7.3}$$

が満足されると，検出器 D の両端の電位差が 0 となる．したがって，上辺と下辺の抵抗 R あるいはコンデンサ C を連動して変化させれば (図 7.9 ではコンデンサ C を連動させている)，R と C の値および平衡条件から発振器の周波数 f_S が測定できる．この方法は，高周波領域では浮遊容量 (stray capacitance) や導線のインダクタンス分などにより精度が低下するため，通常 kHz オーダーの低周波の周波数測定に限り用いられる．

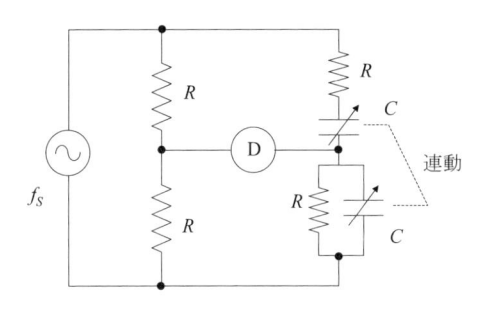

図 7.9 ウィーンブリッジ

7.4.2 LC 共振周波数計

LC 共振周波数計は，図 7.10 に示すように，コイル L とコンデンサ C で構成される共振回路を利用するもので，通常，並列共振回路を用い，コンデンサの容量を変化させる．図の回路では，

$$f_S = \frac{1}{2\pi\sqrt{L(C+C_0)}} \tag{7.4}$$

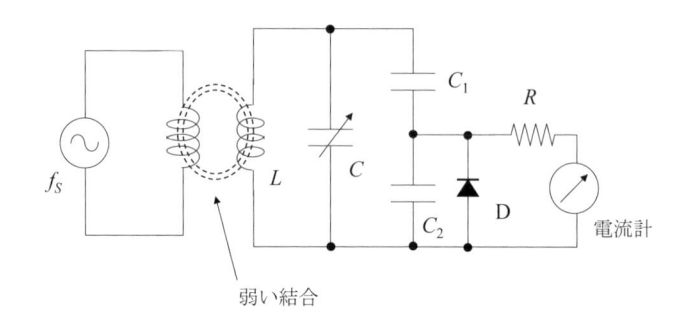

図 7.10　LC 共振周波数計

を満たすとき，直流電流計の振れが最大となり，コイル L とコンデンサ C の値から周波数が計算できる．ただし，C_0 はコンデンサ C に並列に入る容量

$$C_0 = \frac{C_1 C_2}{C_1 + C_2} \tag{7.5}$$

である．

　類似の計測器として，ヘテロダインと狭帯域の同調フィルタを用いて，多くの周波数成分からなる信号の特定周波数の振幅レベルを測定する選択レベル計があり，周波数の測定にも利用できる．また，第 5 章で説明した Q メータは普通，コイルのインダクタンスあるいはコンデンサの容量を測定するために用いられるが，インダクタンスと容量が既知であれば，周波数の測定にも利用できる．

7.4.3　空洞共振周波数計

　マイクロ波周波数の測定に，同軸線路や導波管などの分布定数線路による空洞共振器 (cavity resonator) を用いた周波数計が使われることがある．同軸空洞共振器の構造の例を図 7.11 に示す．固定短絡板から移動短絡板までの距離 L が波長の整数倍になったとき共振が起こるので，共振したときの長さから周波数が計算できる．空洞共振器の目盛は周波数で書かれている．

　実際の測定では，図 7.12 に示すように，周波数を測定したい発振器と検出器を結ぶ線路の中間において空洞共振器を結合させ，マイクロ波電力の一部を空洞共振器に導く．共振周波数においてもっとも大きな電力が共振器に入るから，

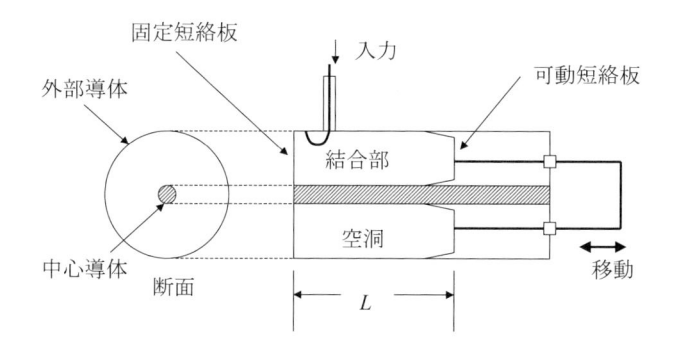

図 7.11　同軸空洞共振器

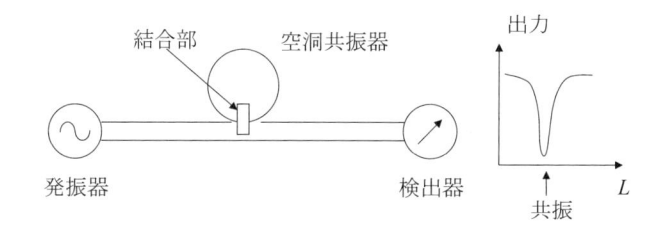

図 7.12　空洞共振器を用いた周波数の測定

検出器の指示値が極小となるように共振器の長さ L を調整する．

7.4.4　リサジュー図形による周波数の比較

周波数あるいは時間の測定を正確に行うためには，基準となる周波数と比較し校正 (calibration) する必要がある．LC 共振周波数計などの回路定数から周波数を計算する方法では，3 桁の測定が限度であり，経年変化をチェックするためにも，定期的な校正を行う必要がある．周波数カウンタは，単独で周波数が測定可能であるようにも見えるが，内部の時間基準パルス発生器 (水晶発振器) は，周波数の標準によって校正されている．

LC 共振器などを用いた発振器の周波数と，より正確な水晶発振器の周波数を比較するため，オシロスコープのリサジュー図形 (Lissajous pattern) を利用することができる．第 6 章では，時間変化波形を観測するためのオシロスコープの原理を示した．そこでは，オシロスコープの水平軸には，電圧が時間推移に

比例するのこぎり波が加えられたが，リサジュー図形を描かせるためには，図 7.13 に示すように，水平軸と垂直軸の両方に正弦波信号を加える．

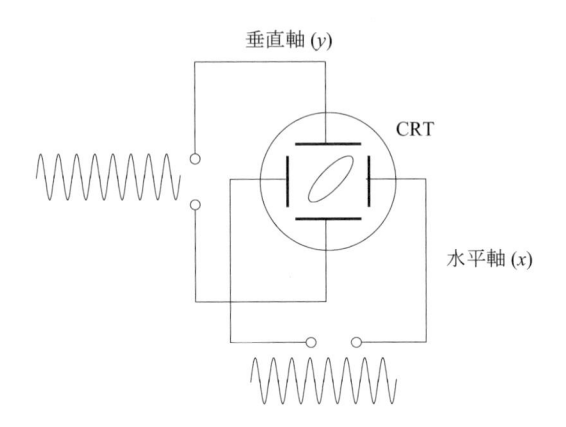

図 7.13 オシロスコープにおいてリサジュー図形を描かせるための構成

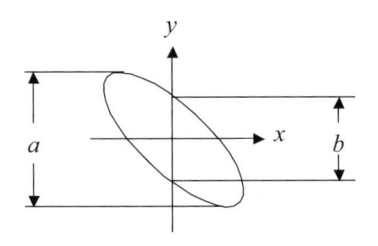

図 7.14 リサジュー図形における楕円の形状

水平軸に加える周波数と垂直軸に加える周波数が一致すると，画面には，一定の楕円が描かれる．たとえば，垂直軸に被測定信号を加え，水平軸に周波数が既知でかつ可変の信号を加えて，楕円を描かせるようにすれば，そのとき両者の周波数は等しい．楕円の形状は両方の信号の位相差 θ によって異なり，図 7.14 に示す寸法 a，b とは，

$$\frac{b}{a} = |\sin \theta| \tag{7.6}$$

という関係があるので，位相差の測定に利用することもできる．この楕円の形状は，位相差が 0°，180°のとき直線に，90°のとき円となる．

7.4.5 時間と周波数の標準

SI 単位系において,時間の単位である秒は以下のように定義されている.

> 秒は,セシウム 133 原子の基底状態における 2 つの超微細準位間の遷移に対応する放射の 9 192 631 770 周期の継続時間である.

この表現は難しいが,内容は,「セシウム 133 という同位元素に一定の周波数を持つマイクロ波を照射すると吸収が起こる.その周波数を 9.192 631 770 GHz と約束する」というもので,周波数の単位 [Hz] を規定していることと同じである.

時間と周波数の標準は,この定義にしたがって構成されたセシウム 133 の原子時計である.周波数標準である原子時計の精度は 10^{-13} ときわめて高い.この標準を基に,JJY のコールサイン (標識名) を持つ長波帯の標準電波 (40 kHz, 60 kHz) が発射されている.また,テレビ電波のカラーサブキャリア信号の周波数は,$5\times(63/88)$ MHz と決まっており,これを標準として利用することもできる.

このように,周波数はきわめて精度の高い標準が維持され,標準電波という便利な方法により,一般に供給されている.これらのことから,われわれが使用可能な周波数カウンタの精度も 10^{-9} 以上のものが得られる.

演習問題 7

7.1 周波数カウンタの 2 つの方式について説明せよ.

7.2 ±1 カウント誤差とは何か.また,この誤差を低減する方法を説明せよ.

7.3 マイクロ波周波数 f_S の入力信号と周波数 f_{LO} のローカル信号をミクサによって掛け合わせると,両者の和と差 $f_S \pm f_{LO}$ の 2 つの信号が得られることを,数式によって証明せよ.

7.4 ウィーンブリッジの平衡条件である式 (7.3) を導け.

7.5 リサジュー図形を表す楕円の方程式を求めよ.

7.6 同一周波数で,位相差が 30°の 2 つの正弦波が作るリサジュー図形を描け.また,これと同じリサジュー図形となる位相差はいくらか.

第8章
スペクトラムアナライザとスペクトル計測

8.1
時間波形とスペクトル

図 8.1 に示すような,周期 T で変化する時間波形 $g_p(t)$ は,以下のようにフーリエ級数 (Fourier series) に展開できる.

$$g_p(t) = a_0 + 2\sum_{n=1}^{\infty}\{a_n\cos(2\pi nft) + b_n\sin(2\pi nft)\}$$
$$= a_0 + 2a_1\cos(2\pi ft) + 2a_2\cos(4\pi ft) + 2a_3\cos(6\pi ft) + \cdots$$
$$+ 2b_1\sin(2\pi ft) + 2b_2\sin(4\pi ft) + 2b_3\sin(6\pi ft) + \cdots \quad (8.1)$$

ここで,$f = 1/T$ である.このように,周期波形は,f, $2f$, $3f$, … の周波数を持つ正弦波と余弦波の和で表すことができる.いい替えれば,周期波形はとびとびの (離散的,discrete) 周波数成分 (frequency component) から構成されており,これら以外の周波数,たとえば $1.5f$ などの成分は含まれない.a_0 は直流成分であり,周波数 f の波を基本波 (fundamental component),$2f$, $3f$, … の周波数を持つ波を高調波 (higher harmonics) という.また,$2f$ の周波数を持つ波を第 2 高調波 (second harmonic),$3f$ の周波数を持つ波を第 3 高調波 (third harmonic) などと呼ぶ.

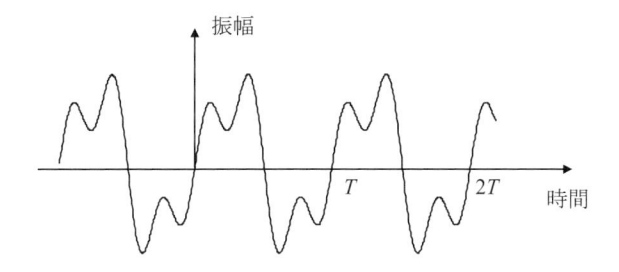

図 8.1 周期 T で変化する時間波形

直流成分,正弦波,余弦波の振幅 a_0, a_n, b_n は以下の式で求められる.

$$a_0 = \frac{1}{T} \int_{-T/2}^{T/2} g(t) dt \tag{8.2}$$

$$a_n = \frac{1}{T} \int_{-T/2}^{T/2} g(t) \cos(2\pi n f t) dt \tag{8.3}$$

$$b_n = \frac{1}{T} \int_{-T/2}^{T/2} g(t) \sin(2\pi n f t) dt \tag{8.4}$$

たとえば,周期 T で振幅 A の方形波 $s(t)$ は直流成分がなく,

$$s(t) = \frac{4}{\pi} A \left\{ \sin(2\pi f t) + \frac{1}{3} \sin(6\pi f t) + \frac{1}{5} \sin(10\pi f t) + \frac{1}{7} \sin(14\pi f t) + \cdots \right\} \tag{8.5}$$

となる.図 8.2(a) 左の列に, $s(t)$ が方形波の場合の 1 周期波形と基本波の関係,同図 (b) に基本波と第 3 高調波の和,(c) に基本波と第 3 高調波,第 5 高調波の和,(d) に基本波と第 3 高調波,第 5 高調波,第 7 高調波の和から構成される波をそれぞれ実線で示す.点線および破線は,基本波と各高調波を表している.この図から,基本波に加える高調波の次数が多くなるほど,元の方形波に近づいていくことが分かる.図 8.2 の右側は,周波数 f を横軸にとり,周波数 $1/T$ の基本波および各高調波の振幅 $S(f)$ を縦軸にとった図である.このように,波形を構成する各周波数成分の振幅を,周波数に対して表す図をスペクトルあるいはスペクトラム (spectrum) という.

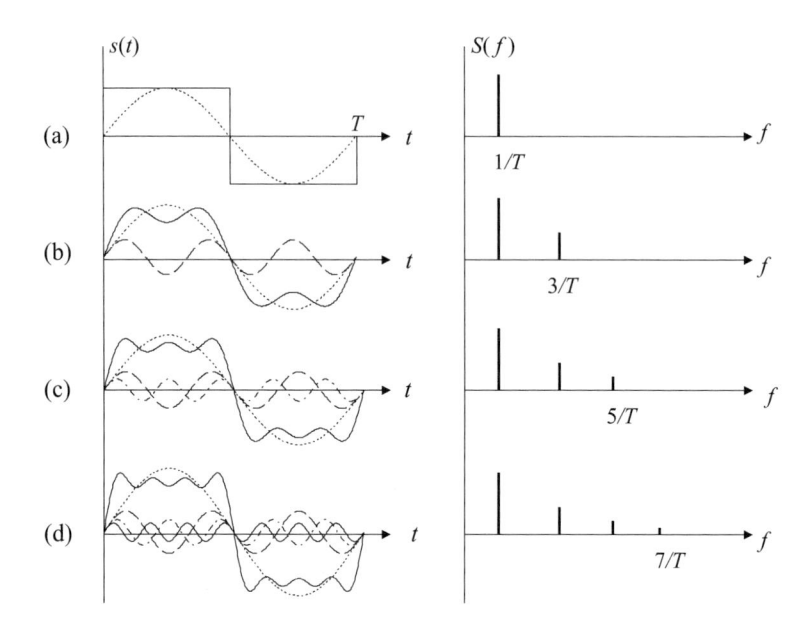

図 8.2 正弦波による方形波の合成とスペクトル

周期波形ではない単発波形 $g(t)$ は，以下のように表すことができ，

$$g(t) = \int_{-\infty}^{\infty} G(f)e^{j2\pi ft}df \tag{8.6}$$

$G(f)$ が単発波形のスペクトルである．周期波形の場合と異なり，$G(f)$ は連続的な (continuous) 関数となる．$G(f)$ は以下の式で求めることができ，これを $g(t)$ のフーリエ変換 (Fourier transform) と呼ぶ．

$$G(f) = \int_{-\infty}^{\infty} g(t)e^{-j2\pi ft}dt \tag{8.7}$$

たとえば，図 8.3 のような振幅 A で幅 T の単発方形パルスのスペクトルは，

$$G(f) = AT\frac{\sin(\pi ft)}{\pi ft} \tag{8.8}$$

と表せ，図 8.4 のようになる．

この図から，スペクトルは負の値も取り得ることが分かる．これは周期波形のスペクトルも同じである．さらに一般的に考えると，任意の単発波形のスペク

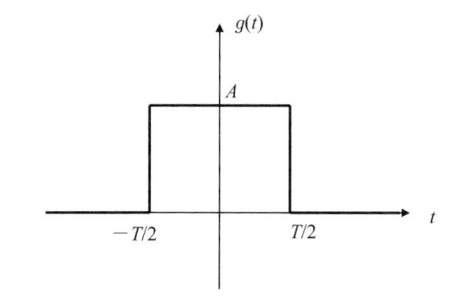

図 8.3　単発の方形パルス

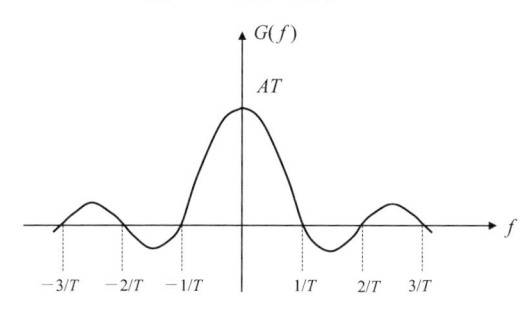

図 8.4　単発方形パルスのスペクトル

トルは，式 (8.7) から，振幅と位相 (あるいは実数部と虚数部) を持つ複素数となる．

8.2

フィルタ

　スペクトルに関する測定では，フィルタ (filter) が重要な働きをする．フィルタは通常，2 ポート回路 (2 端子対回路) で構成され，入力信号の周波数成分のある部分を通過させ，その他の部分を阻止する回路である．フィルタが通過させる周波数範囲を通過域 (pass band)，阻止する周波数範囲を阻止域 (rejection band) という．

　通過域と阻止域をどのように配置するかによって，フィルタは低域フィルタ

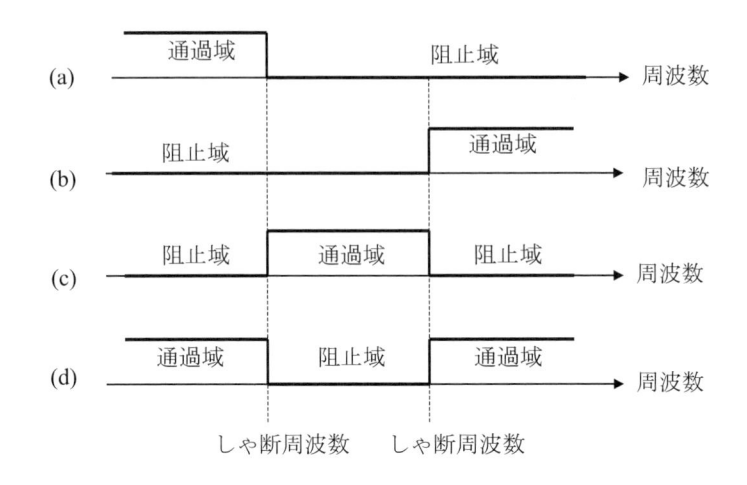

図 8.5 フィルタの種類と基本的な動作
(a) 低域フィルタ, (b) 高域フィルタ, (c) 帯域通過フィルタ, (c) 帯域阻止フィルタ

(low-pass filter), 高域フィルタ (high-pass filter), 帯域フィルタまたは帯域通過フィルタ (band-pass filter), 帯域阻止フィルタ (band-rejection filter) の 4 種類に分けられる．これらのフィルタの基本的な動作を図 8.5 に示す．通過域と阻止域の境界となる周波数をしゃ断周波数 (cut-off frequency) という．

kHz オーダーの低周波では，抵抗とコンデンサによる RC 回路の周波数特性を利用したフィルタも構成され用いられるが，MHz 以上の高周波では抵抗があると電力損失の原因となるため，コイルとコンデンサによる LC 回路の周波数特性を利用してフィルタ回路を構成する．LC 回路によるもっとも基本的なフィルタである低域フィルタ，高域フィルタ，帯域通過フィルタの回路例を，それぞれ図 8.6，図 8.7，図 8.8 に示す．

図 8.8 の帯域通過フィルタ回路は，LC 直列共振回路と LC 並列共振回路によって構成されている．LC 直列共振回路は，共振周波数付近でインピーダンスが小さく，LC 並列共振回路は共振周波数付近でインピーダンスが大きくなる．したがって，入力信号の共振周波数付近の成分のみを通過させる．

スペクトルに関する測定では，帯域フィルタがもっとも重要である．帯域フィ

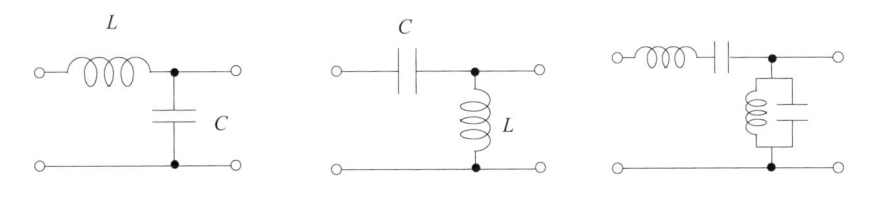

図 8.6　低域フィルタ回路の例　　図 8.7　高域フィルタ回路の例　　図 8.8　帯域通過フィルタ回路の例

ルタの減衰量の周波数特性を図 8.9 に示す．この場合の減衰量は，フィルタの入出力インピーダンスが伝送線路と整合して反射がない場合における入力電力と出力電力の比の対数表示であり，0 dB が減衰なしに通過することを意味し，数値が大きくなるほど減衰が大きくなる．

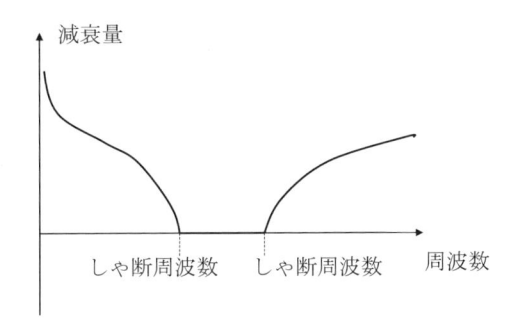

図 8.9　帯域フィルタ回路の減衰量の周波数特性

8.3 スペクトラムアナライザ

8.3.1　多数のフィルタを用いる方式

　スペクトルを複素数で表現すれば，任意の時間波形とそのスペクトルは一対一に対応する．時間波形を観測するための電子計測器が第 6 章で説明したオシロスコープであるが，スペクトルに関する情報を得るための電子計測器がスペクトラムアナライザ (spectrum analyzer) である．

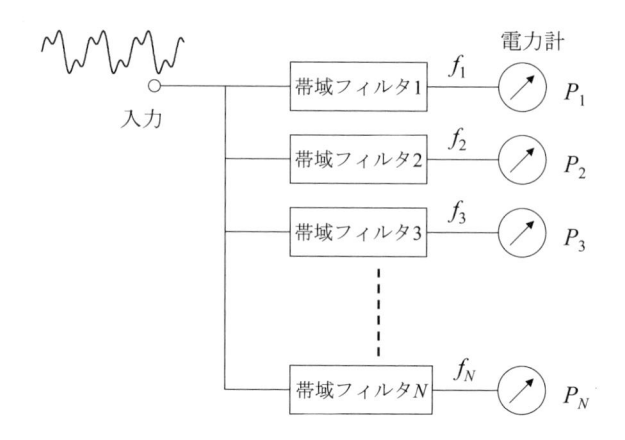

図 8.10　多数の帯域通過フィルタを用いるスペクトラムアナライザ

もっとも簡単なスペクトラムアナライザは，図 8.10 に示すような多数の帯域通過フィルタを用いる構成によるものである．この原理は分りやすいが，フィルタの出力には電力計が接続されていることに注意する必要がある．このスペクトラムアナライザは，式 (8.7) のような時間波形と一対一に対応するスペクトルそのものを測定しているわけではなく，各周波数成分の大きさ (電力) を測定している．

たとえば，図 8.11(a) のような単一周波数 f_1 で電力 P_1 の正弦波が入力された場合の出力は，同図 (b) のようになる．(b) で周波数に関して幅があるのは，測定系の分解能によるものである．また，3 つの周波数成分からなる時間波形

$$s(t) = \sin(2\pi f_1 t) - 0.2\sin(2\pi f_2 t) + 0.5\sin(2\pi f_3 t)$$

$$= \sin(2\pi f_1 t) - 0.2\sin(4\pi f_1 t) + 0.5\sin(6\pi f_1 t) \tag{8.9}$$

とそのスペクトルを図 8.12 に，この入力に対するスペクトラムアナライザの出力を図 8.13 に示す．周波数 f_1 の成分を基準とすれば，周波数 $f_2 = 2f_1$ の周波数成分のスペクトルは負となるが，スペクトラムアナライザの出力は周波数 $f_3 = 3f_1$ の周波数成分のスペクトルと同様，正の値 (電力) を表示する．

ただし，図 8.13 に示したような，各周波数成分の電力分布もスペクトルと呼ばれることが一般的である．式 (8.7) のスペクトル $G(f)$ は電力分布と区別する

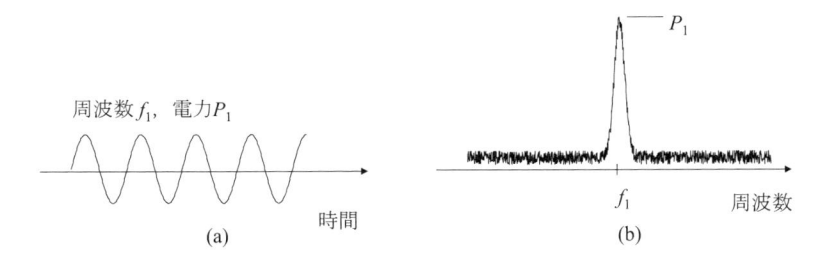

図 8.11　入力正弦波とスペクトラムアナライザの出力

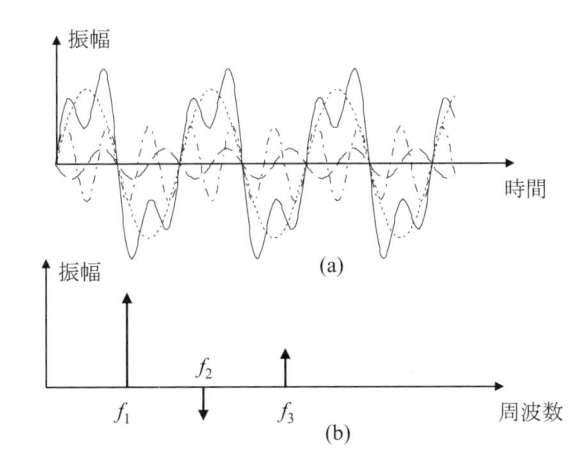

図 8.12　3つの周波数成分からなる時間波形とそのスペクトル

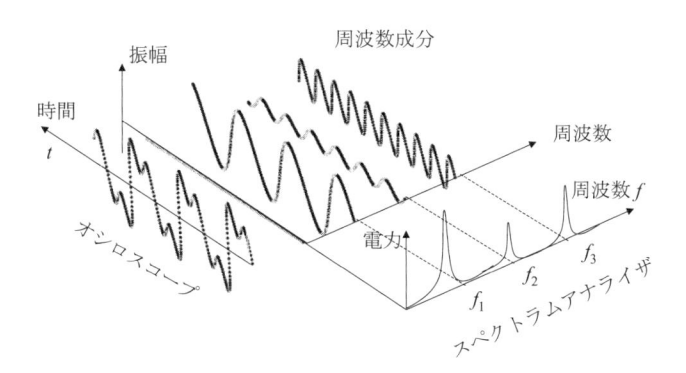

図 8.13　3つの周波数成分からなる時間波形に対するスペクトラムアナライザの出力

ため,複素スペクトル (complex spectrum) と呼ばれることがある.なお,図 8.12 のような 3 つの周波数成分からなる時間波形を持つ信号が電力計に入力されると,電力計は各成分の電力の和を表示する.

8.3.2 ヘテロダイン方式のスペクトラムアナライザ

図 8.10 に示したフィルタを用いる構成では,周波数の分解能を向上させようとすると多くのフィルタが必要となり,実現することが実際上不可能になってくる.そこで,普通スペクトラムアナライザといえば,図 8.14 に示すようなヘテロダイン方式のスペクトラムアナライザを意味している.

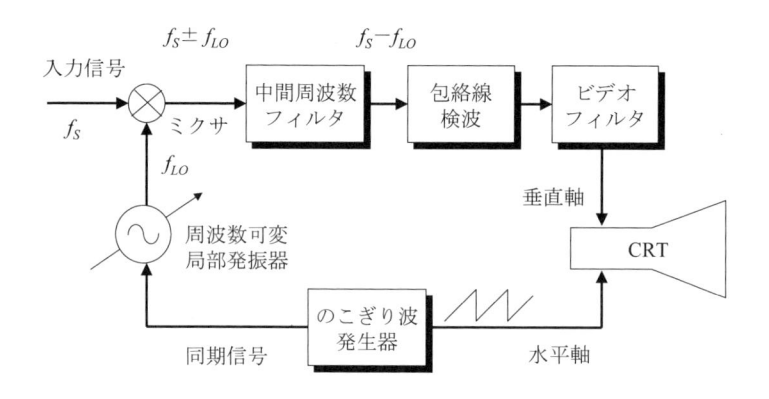

図 8.14 ヘテロダイン方式のスペクトラムアナライザの基本構成

基本的な動作は,ラジオに似ている.第 7 章で説明したマイクロ波周波数カウンタと同様,被測定信号と局部発振器 (local oscillator) からのローカル信号をミクサによって掛け合わせて中間周波数に変換する.ローカル信号の周波数を変化させれば,帯域フィルタは中間周波数に対する 1 つだけでよい.マイクロ波領域の高い周波数成分を持つ信号を測定する場合は,ヘテロダインを複数回行う.

この方式では,中間周波数フィルタの帯域幅がスペクトラムアナライザの周波数分解能を決定する.したがって,高分解能を実現するためには,狭帯域のフィルタを用いる必要があるが,フィルタの帯域を狭めるほど応答速度は遅くなる.中間周波数フィルタを通過した信号は,増幅されて検波器に入る.この検波は,

入力信号のピーク値 (尖頭値) に比例した出力が得られる包絡線検波 (envelope detection) を行うことが一般的であるが，妨害電磁波を測する場合など目的によっては，尖頭値と平均値の中間の値を出力する準尖頭値検波 (quasi-peak detection) を行うこともある．

検波後は，必要に応じてビデオフィルタ (video filter) で直流近傍の雑音を除去し，CRT の垂直軸に加えられる．CRT の水平軸には，ローカル信号の周波数変化と同期させた，のこぎり波を加え掃引する．この結果，オシロスコープの水平軸は時間軸であるが，スペクトラムアナライザの水平軸は周波数軸となる．垂直軸は，被測定信号の各周波数成分の振幅となるが，スペクトラムアナライザでは垂直軸 (縦軸) を被測定信号の振幅の dB 表示値に比例させることが多い．その場合は，検波前の増幅器に対数増幅器 (logarithmic amplifier) を用いる．

以上は，アナログオシロスコープに対応した方式であるが，検波前の出力を A/D 変換することもできる．ディジタル信号に変換すれば，dB 表示だけでなく，尖頭値から準尖頭値への変換，平均処理，最大値の保持など，コンピュータで種々の処理を行うことが可能となる．

ヘテロダインにおいて，入力信号の周波数を f_S，ローカル信号の周波数を f_{LO}，中間周波数を f_{IF} とすれば，

$$f_{IF} = |f_S - f_{LO}| \tag{8.10}$$

となる．式 (8.9) から，被測定信号の周波数以外の周波数を持つ信号も中間周波数の帯域フィルタを通過する可能性があることが分かる．たとえば，被測定信号の周波数 f_S が 5 GHz で中間周波数 f_{IF} を 2 GHz にしたい場合，ローカル信号周波数 f_{LO} を 3 GHz とすればよいが，このとき，1 GHz の信号も中間周波数 2 GHz に変換される．この望ましくない，1 GHz の信号をイメージ信号 (image signal) といい，イメージ信号による出力をイメージ応答 (image response) という．この関係を図 8.15 に示す．

広帯域なスペクトラムアナライザでは，イメージ応答を防止するため，図 8.16 に示すように，周波数変換を行うミクサの前段に，必要な被測定信号の周波数の付近だけを通過させる帯域フィルタを置く．この帯域フィルタをプリセレクタ (pre-selector) という．プリセレクタによって，CRT の周波数軸の同一位置

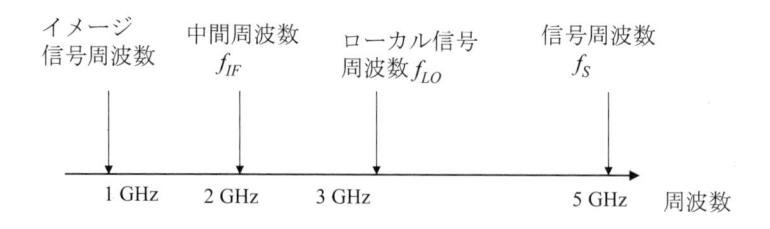

図 8.15 入力信号,ローカル信号,中間周波数,イメージ信号の関係

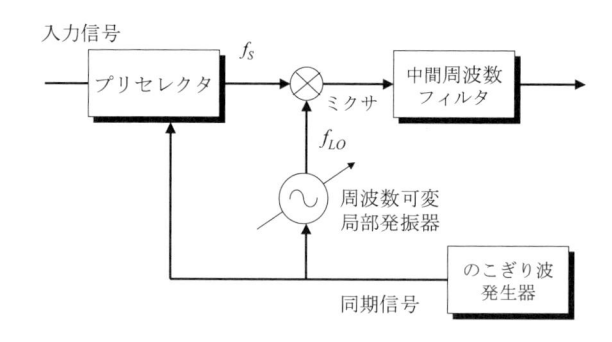

図 8.16 プリセレクタによるイメージ信号の除去

に被測定信号とイメージ信号が重なって表示されることを防ぐことができる.

広帯域な信号を測定するとき,ローカル信号の周波数変化範囲をあまり広くしたくないため,ローカル信号を逓倍して周波数を上げる.これを高調波ミキシングという.実際には,ミクサが逓倍と混合の機能を兼ねることが多い.すなわち,ミクサの非線形性によって逓倍が行われる.

このとき,逓倍数を N とすれば,中間周波数 f_{IF} は,

$$f_{IF} = |f_S - Nf_{LO}| \tag{8.11}$$

となる.ミクサに逓倍と混合の機能を兼ねさせた高調波ミキシングでは,複雑なイメージ応答が発生する.複数回のヘテロダインと高調波ミキシングを組み合わせ,100 GHz 以上のミリ波領域までのスペクトラムアナライザが開発されている.

8.4
FFTアナライザ

ディジタルオシロスコープと同様に，時間波形を検波せずにそのまま A/D 変換してディジタル信号に直せば，コンピュータによって式 (8.7) に相当する計算を行い，スペクトルを求めることができる．このような方式のスペクトラムアナライザを，FFT (fast Fourier transform) アナライザと呼ぶ．

ただし，コンピュータによる計算は，サンプリングされたデータに対して行われるので，式 (8.7) と完全に同じではない．図 8.17 のように，時間波形 $g(t)$ をサンプリングして得られた M 個のデータ g_m ($m = 0, 1, 2, \cdots, M-1$) に対する離散的なフーリエ変換 G_n は，

$$G_n = \frac{1}{\sqrt{M}} \sum_{m=0}^{M-1} g_m \exp\left(\frac{-j2\pi nm}{M}\right) \quad (n = 0, 1, 2, \cdots, M-1) \quad (8.12)$$

で定義される．これを，離散的フーリエ変換 (Discrete Fourier Transform, DFT) という．離散的フーリエ変換の結果は，離散的なスペクトルであり，式 (8.7) の連続的なフーリエ変換によるスペクトルと完全に同じものではない．

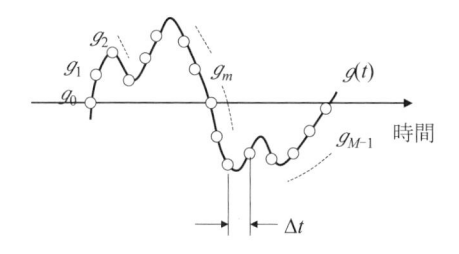

図 8.17 時間波形のサンプリング

FFT とは，上記の DFT を効率的に，高速で行うための計算法である．FFT アナライザにおけるコンピュータのデータ処理では，FFT を用いた計算が行われるが，結果として得られるスペクトルは，式 (8.12) で表される G_n である．

一方，被測定連続波形のサンプリングデータを，式 (8.12) ではなく，式 (8.7)

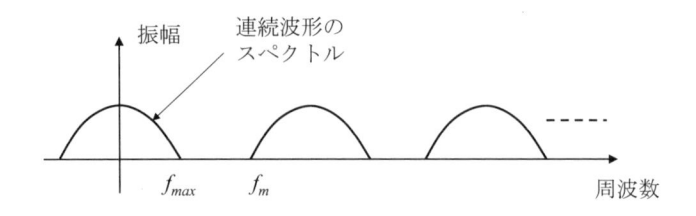

図 8.18 サンプリングデータのスペクトル

によって連続的なフーリエ変換を行って得たスペクトルを図 8.18 に示す．サンプリングデータのスペクトルは，サンプリング時間 Δt の逆数であるサンプリング周波数 (sampling frequency) $f_m = 1/\Delta t$ ごとに連続波形のスペクトルと同じものが現れる．したがって，サンプリング周波数は，被測定連続波形のスペクトルの最高周波数 f_{max} の 2 倍以上必要である．これはサンプリング定理そのものであり，第 6 章のサンプリングオシロスコープにおける実時間サンプリングに要求される条件と同じである．

サンプリング定理が要求する条件が満たされない場合，f_m ごとに繰り返されるスペクトルが重なり，測定結果のスペクトルと被測定連続波形のスペクトルは異なったものとなる．このスペクトルが重なることによるひずみをエイリアジング (aliasing) と呼ぶ．エイリアジングが起こらないようにサンプリングを行う必要があることなどから，FFT アナライザは，主として低周波でよく用いられ，もっとも高い周波数でも 100 MHz 程度である．

図 8.19 に FFT アナライザの基本的な構成例を示す．入力信号は，減衰器あるいは増幅器によって適当なレベルに調整され，低域フィルタによって測定対象となる周波数範囲以外の不要な高周波雑音を除去した後，A/D 変換され，コンピュータで FFT 処理が行われる．

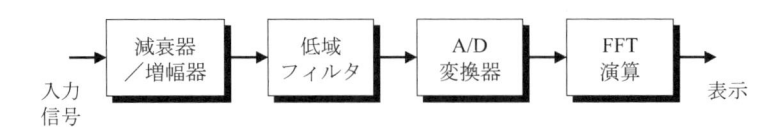

図 8.19 FFT アナライザの基本的な構成

演習問題 8

8.1 周期 T で振幅 A の方形波のフーリエ級数展開が式 (8.5) となることを示せ.

8.2 振幅 A で幅 T の単発方形パルスのスペクトルが式 (8.8) となることを示し，周期波形のスペクトルと単発波形のスペクトルとの違いを述べよ.

8.3 LC 回路による低域フィルタおよび高域フィルタの動作原理を，しゃ断周波数より十分低い周波数，十分高い周波数を考えて説明せよ.
   共振周波数付近の信号成分の通過を阻止する帯域阻止フィルタの回路例を示せ.

8.4 ヘテロダイン方式のスペクトラムアナライザの出力から，元の信号波形を再生することができない理由を述べよ.

8.5 周波数範囲 2〜10 GHz の信号を，中間周波数 1 GHz のスペクトラムアナライザを用い，局部発振器の周波数を 2 逓倍 ($N = 2$) として測定したい．局部発振器に必要な周波数可変範囲はいくらか．局部発振器の周波数が 3 GHz のとき，プリセレクタの無いスペクトラムアナライザで測定される可能性のある信号の周波数はいくらか.

第9章

雑音の測定

9.1
雑音の一般的な性質と種類

　計測システムにおいて，測定量以外の，測定値に影響を及ぼす信号はすべて雑音 (noise, ノイズ) である．計測器内部で発生する内部雑音 (internal noise) の他に，計測器の外から混入する外部雑音 (external noise) もある．たとえば，ある計測システムにおいては必要な信号でも，別の計測システムにとっては雑音となり得る．したがって，一般に雑音は周期的な信号や非周期的な信号が混在した複雑な時間変化をするが，どのような原因によって発生したかによって，いくつかの種類に分類することができる．また，原因ではなく結果として表れる性質によって，雑音を分類することもできる．以下，雑音の性質を説明した後，発生原因により雑音を分類する．

　ある任意の時間波形に対して，確定信号 (deterministic signal) と不規則信号 (random signal) という2つの見方ができる．確定信号として見た場合は，その時間波形そのものを測定の対象とする．一方，不規則信号として見たときは，その信号がある統計的な性質を有する集合 (確率過程) から偶然選ばれたと考え，その集合の統計的な特性に注目する．一般に，ある時間波形が必要な情報を担う信号であれば，確定信号としての性質が重要であり，不要な雑音と見れば不規則信号としての性質が重要となる．

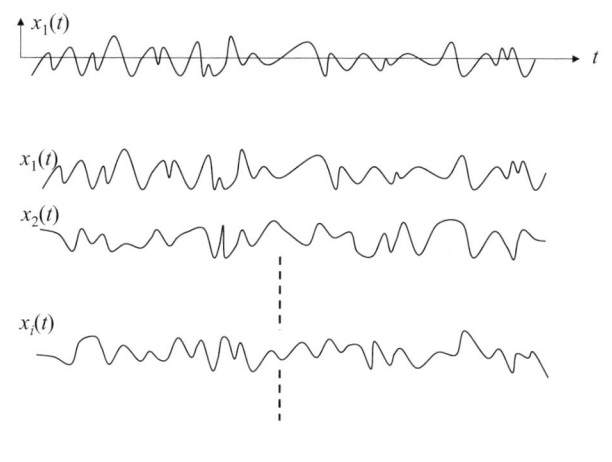

図 9.1 不規則信号の集合

いま，時間波形 $x_1(t)$ を考えると，振幅の平均値 (mean value) $\bar{x}_1$ は，

$$\bar{x}_1 = \lim_{T \to \infty} \frac{1}{T} \int_{-T/2}^{T/2} x_1(t) dt \tag{9.1}$$

であり，これを時間平均 (time mean) と呼び，$x_1(t)$ を確定信号として見たときの平均値である．一方，$x_1(t)$ を不規則信号として考え，図 9.1 のように，ある統計的な性質を持つ集合から抽出されたものとする．

このとき，集合を構成するそれぞれの波形の，ある時刻における振幅を $x_i(t)(i = 1, 2, \cdots)$ とすれば，

$$\langle x_i \rangle = \lim_{N \to \infty} \frac{1}{N} \sum_{i=1}^{N} x_i(t) \tag{9.2}$$

を集合平均 (ensemble mean) と呼ぶ．ある集合の確率的な性質が，時間軸の移動によって変化しないとき，その集合を定常過程 (stationary process) という．定常過程の集合では，どのような時刻で集合平均をとっても同一の平均値が得られる．さらに定常過程の集合において，集合平均値とその集合に属する任意の信号の時間平均値が等しい場合，この集合をエルゴート過程 (ergodic process) という．すなわち，エルゴート過程では，ある 1 つの信号の時間平均をとれば集合平均値が得られる．

第 9 章 雑音の測定

集合において，信号のある時刻における時間波形の振幅が x から $x+dx$ の間の値をとる確率が $p(x)dx$ であるとき, $p(x)$ を確率密度関数 (Probability Density Function, PDF) と呼ぶ．エルゴート過程では，それぞれの信号は同一の確率密度関数を統計的性質として共有している．

時間波形 $x(t)$ と，時間 τ だけ離れた波形 $x(t+\tau)$ との積の平均を自己相関関数 (autocorrelation function) と呼ぶ．自己相関関数 $R(\tau)$ は確定信号に対しては，

$$R(\tau) = \lim_{T \to \infty} \frac{1}{T} \int_{-T/2}^{T/2} x(t)x(t+\tau)dt \tag{9.3}$$

であり，不規則信号に対しては，

$$R(\tau) = \lim_{N \to \infty} \frac{1}{N} \sum_{i=1}^{N} x(t)x(t+\tau) \tag{9.4}$$

であるが，エルゴート過程では，両者は等しい．

自己相関関数のフーリエ変換

$$S(f) = \int_{-\infty}^{\infty} R(\tau) \exp(-j2\pi f\tau) d\tau \tag{9.5}$$

をパワースペクトル密度または電力スペクトル密度 (power spectrum density) という．

パワースペクトル密度は，数学的に以下のように書き直すことができる．

$$S(f) = \lim_{T \to \infty} \frac{1}{T} \left\langle \left| \int_{-T/2}^{T/2} x(t)e^{-j2\pi ft} dt \right|^2 \right\rangle \tag{9.6}$$

ここでは，右辺の記号 $\langle\ \rangle$ はスペクトルに関する集合平均をとることを意味している．この式 (9.6) から，パワースペクトル密度は電力に関するスペクトル，すなわち，信号の電力がどのような周波数成分から構成されているのかを表していることが分る．

9.1.1 熱雑音

導体中の電子は，周囲にある分子の熱運動の影響を受けてたえず不規則な運動をしている．これによって抵抗体に発生する雑音が熱雑音 (thermal noise, thermal agitation noise) である．熱雑音は，これを研究した人の名前をとって，ジョンソン雑音 (Johnson noise) あるいはナイキスト雑音 (Nyquist noise) と呼ばれることもある．

熱雑音によって発生する電圧や電流などの時間波形を不規則信号と見れば，その集合はエルゴート過程であり，振幅の確率密度関数は

$$p(x) = \frac{1}{\sqrt{2\pi\sigma^2}} \exp\left\{-\frac{(x-\mu)^2}{2\sigma^2}\right\} \tag{9.7}$$

なる正規分布 (normal distribution) となる．ここで，μ は振幅の平均値，σ は振幅の標準偏差 (standard deviation) である．このように，振幅の確率が正規分布をとる雑音はガウス雑音 (Gauss noise) と呼ばれる．また，熱雑音は，非常に広い帯域に渡る周波数成分を含んでおり，通常，問題としている帯域内では，すべての周波数成分は同じ電力を持つと考えることができる．言い換えれば，パワースペクトル密度は周波数によらず一定である．このような性質を持つ雑音を白色雑音 (white noise) と呼ぶ．したがって，「熱雑音はガウシャン (Gaussian) でホワイトな雑音である」などと表現する．本書では，簡単のため，これをガウス・白色雑音と表記する．

9.1.2 量子雑音

すべての波動の振幅は，量子力学的な不確定性を持っている．これによる雑音が量子雑音 (quantum noise) である．電子も波動性を持っているので，量子雑音を発生する．たとえば，真空管の陰極 (cathode) から放出される電子の数やトランジスタの pn 接合の電位障壁を越えるキャリアの数は，単位時間に一定ではなく不規則に変動しており，この雑音をショット雑音 (shot noise, 散弾雑音) という．ショット雑音を波動の量子雑音と区別することもあるが，両者は同じ量子力学的な不確定性に起因している．量子雑音もガウス・白色雑音とみなすことができる．

9.1.3 　$1/f$ 雑音

抵抗体，半導体，トランジスタなどにおいて，低周波領域に強く発生する雑音であり，周波数成分の電力は，ほぼ周波数の逆数に比例することから $1/f$ 雑音と呼ばれている．酸化物の陰極を持つ真空管において，電子放出能力が低周波の不規則変動を持つことによるフリッカ雑音 (flicker noise) も $1/f$ 雑音の一種である．発生原因は，周囲環境のゆらぎなどが考えられるが，共通の原因は明らかではない．

9.1.4 　自然現象による雑音および人工雑音

かみなりや降雨が発生する電磁波，宇宙から到来する電磁波，コンピュータなど各種の電子機器が外部に放出する不要電磁波，通信や放送などの電波が計測システムに混入すると雑音となる．これらの妨害電磁波によって受ける干渉を電磁干渉 (ElectroMagnetic Interference, EMI) という．計測システムの外から混入する外部雑音としては，空間を伝搬する電磁波の他に，電源線や通信線などの伝送線路を伝わって計測器あるいは計測システムに影響を与えるものもある．これらは，正弦波状の信号やパルス状の信号が混在した複雑なものであり，一般に，ガウス・白色雑音とみなすことはできない．

計測システムや情報システムは，何らかの電磁環境 (electromagnetic environment) の中で正常に動作することが求められる．このことを電磁環境適合性 (ElectroMagnetic Compatibility, EMC) という．

9.2　雑音のパラメータ

雑音の性質を表す種々のパラメータは，熱雑音や量子雑音などのガウス・白色雑音と，それ以外の雑音で異なり，測定方法も異なる．ガウス・白色雑音に対しては，波としての干渉は起こらないものとし，ある時間で平均した電力 (時間平均電力) に関するパラメータが測定される．つまり，無損失伝送線路を $1\,\mu\mathrm{W}$ の電力を持つ雑音が伝搬している場合，これに $1\,\mu\mathrm{W}$ の電力を持つ別の雑音が重

畳したら，トータルの電力は伝送線路のどの位置でも $2~\mu\mathrm{W}$ であると考える．

一方，熱雑音や量子雑音以外の自然現象による雑音および人工雑音は，電力に関するパラメータとともに，時間変化波形に関するパラメータも測定対象となる．

9.2.1 ガウス・白色雑音

(a) 等価雑音温度

パワースペクトル密度が周波数によらずに一定とみなせる白色雑音では，一定の周波数帯域幅あたりの平均電力を定義することができる．絶対温度が T [K(ケルビン)] である抵抗体から発生する熱雑音の周波数帯域幅 Δf 当たりの有能電力 (available power, 外部に取り出せる最大平均電力) N_t は，次式で与えられる．

$$N_t = kT\Delta f \tag{9.8}$$

ここで，$k = 1.38\times10^{-23}$ [J/K] はボルツマン定数である．

量子雑音など熱雑音以外も含む任意のガウス・白色雑音源から発生する帯域幅 Δf 当たりの有能電力を N [W] とする．この雑音を熱雑音であると考えて，以下のような等価雑音温度 (equivalent noise temperature) T_e を定義する．

$$T_e = \frac{N}{k\Delta f} \quad [\mathrm{K}] \tag{9.9}$$

この雑音源が伝送線路に接続されている場合，伝送線路から見た雑音源の反射係数を Γ とすると，Δf 当たりの出力電力は，

$$N_o = \left(1 - |\Gamma|^2\right) kT_e\Delta f \tag{9.10}$$

となる．この式から，反射係数の大きさ(絶対値)が 1 に近づくほど，出力電力は小さくなることが分る．

(b) 雑音指数と入力換算等価雑音温度

図 9.2 のように，周波数帯域幅 B の 2 ポート増幅回路の入力端子に，基準温度 T_0 [K] で抵抗値 Z_0 [Ω] の抵抗を接続する．この 2 ポート回路に接続されている伝送線路の特性インピーダンスは Z_0 であるとする．2 ポート回路の入出力は

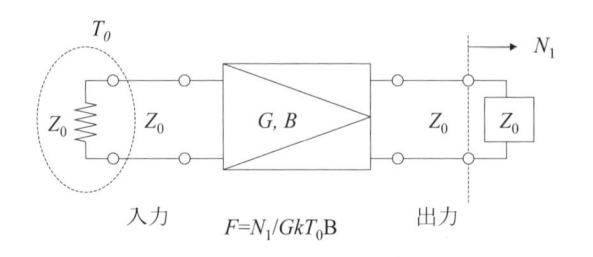

図 9.2　雑音指数の定義

Z_0 に整合しており，負荷抵抗の値も Z_0 に等しい，すなわち，反射はすべてないものとする．このとき，入力端子に接続された熱雑音源の有能電力は 2 ポート回路に入射する電力と等しく，負荷に取り出せる有能電力は，負荷に入射する雑音電力と等しい．帯域幅 B 内の 2 ポート回路に入射する帯域 Δf あたりの雑音電力は，GkT_0B であり，負荷に入射する雑音電力を N_1 とすれば，それらの比

$$F = \frac{N_1}{GkT_0B} \tag{9.11}$$

をこの 2 ポート回路の雑音指数 (noise figure, ノイズフィギュア) という．ここで，G は 2 ポート回路の電力利得である．基準温度 T_0 としては，絶対温度 290 K とすることが普通である．式 (9.11) の分母は，入力の雑音電力が G 倍に増幅された結果を表しており，分子はそれに 2 ポート回路内部で発生する雑音電力を加えた出力における雑音電力を表している．実際には，式 (9.11) の雑音指数をデシベル表示した値 $10 \log F$ [dB] がよく用いられる．たとえば，雑音がまったく発生しない理想的な 2 ポート回路の雑音指数は $F = 1$ であるが，これを雑音指数 0 dB あるいは，ノイズフィギュア 0 dB と表現する．

式 (9.11) の雑音出力 N_1 は以下のように書き直せる．

$$N_1 = FGkT_0B$$
$$= GkT_0B + (F-1)GkT_0B \tag{9.12}$$

この式の第 1 項は，2 ポート回路の入力に接続された基準雑音源による雑音出力であり，第 2 項が 2 ポート回路内部から発生した雑音の出力を表している．

図 9.3 のように，それぞれ雑音指数 F_1 で電力利得 G_1，雑音指数 F_2 で電力

9.2 雑音のパラメータ　145

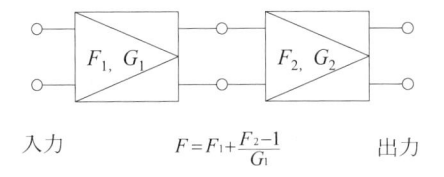

図 9.3 縦続接続された増幅器とその雑音指数

利得 G_2 を持つ同じ周波数帯域の 2 つの 2 ポート増幅器を縦続接続した回路全体の雑音指数 F は，式 (9.12) から，

$$F = F_1 + \frac{F_2 - 1}{G_1} \tag{9.13}$$

となる．通常，増幅器の電力利得は大きいので，全体の雑音指数を抑えるには，初段の雑音指数 F_1 をできるだけ小さくする必要がある．

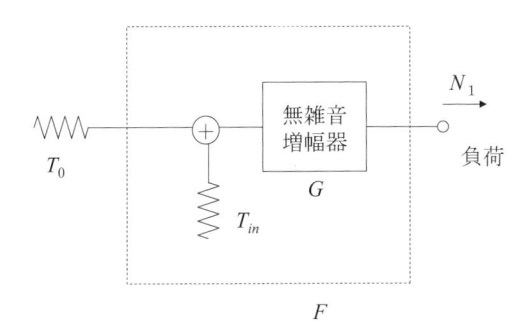

図 9.4 入力換算等価雑音温度の考え方

雑音指数は，一般の増幅器の雑音性能を表すために用いられるパラメータであるが，宇宙通信などで使用される低雑音増幅器の雑音性能は，入力換算等価雑音温度 (effective input noise temperature) によって表される．入力換算等価雑音温度は，図 9.4 のように，増幅器を完全な無雑音増幅器とし，内部で発生する雑音を入力雑音源から発生する熱雑音の増分とみなして，

$$T_{in} = (F - 1)T_0 \tag{9.14}$$

と定義されている．負荷に入射する雑音電力 N_1 は，T_{in} により，

$$N_1 = Gk(T_0 + T_{in})B \tag{9.15}$$

と書け, 図 9.4 のモデルが適切であることが分る.

(c) SN 比

信号電力 P_s と雑音電力 P_n との比 P_s/P_n を SN 比という. 通常は, 以下のようにデシベル表示された値 SN を用いる.

$$SN = 10 \log_{10}\left(\frac{P_S}{P_n}\right) \quad [\text{dB}] \tag{9.16}$$

図 9.2 において, 2 ポート回路に入射する信号電力を S_i, 雑音電力を N_i とし, 負荷に入射する信号電力を S_1, 雑音電力を N_1 とすれば, 増幅器の電力利得 G は, 雑音と信号で等しいから, 雑音指数は以下のようにも書ける.

$$F = \frac{S_i/N_i}{S_1/N_1} \tag{9.17}$$

式 (9.17) から, 雑音指数は入力の SN 比に対して, 出力の SN 比がどの程度劣化するのかを表す数字であるともいえる.

9.2.2 時間変化に関するパラメータ

雑音の電力ではなく時間変化を問題とする場合, 周期的な波形に対しては, 図 9.5 に示すような, 平均値 (mean value), 実効値 (root-mean-square value), 尖頭値 (peak value), 準尖頭値 (quasi-peak value) がよく測定の対象となる. ただし, 妨害電磁波の測定などにおいては, これらのパラメータは, 一定の帯域内の雑音信号だけを増幅し検波した後の電気回路における包絡線 (envelope) に関するものであり, 空間の電界や磁界, 伝送線路の電圧や電流に対するものではない. 図 9.5(d) の準尖頭値は, 検波後に抵抗とコンデンサからなる RC 回路で充放電を行った後に平均した値である.

時間平均値は, 一般的な波形に対してすでに式 (9.1) で与えられているが, 周期 T の波形 $x(t)$ に対する平均値 $\bar{x}$ は

$$\bar{x} = \frac{1}{T}\int_{-T/2}^{T/2} x(t)dt \tag{9.18}$$

であり, 実効値 $\hat{x}$ は

(a) 平均値

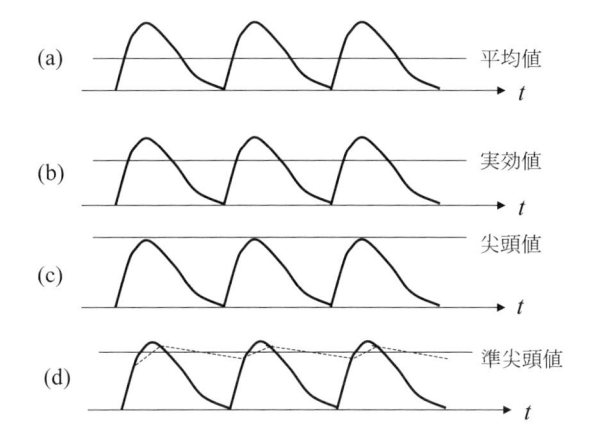

(b) 実効値

(c) 尖頭値

(d) 準尖頭値

図 9.5 検波後の雑音の時間変化に関するパラメータ ((d) の点線は充放電を表している)

$$\hat{x} = \sqrt{\frac{1}{T} \int_{-T/2}^{T/2} \{x(t)\}^2 dt} \tag{9.19}$$

で与えられる．尖頭値は，図 9.5 で明らかである．準尖頭値は放送などにおいて，人間の聴覚への受信妨害の程度を表す評価パラメータとして導入されたもので，尖頭値と実効値の間の大きさを持つ値であるが，式 (9.18) のように数式で定義されたものではなく，検波回路の時定数を特定の値に決めることで測定される．一般に，検波後の包絡線が連続的なもので周波数帯域が狭い場合は平均値や実効値が重要であり，インパルス (impulse) 性の雑音に対しては，尖頭値や準尖頭値が問題となる．

実際に都市空間などで観測される雑音は，周期的な信号や非周期的な信号，正弦波状の信号やインパルス性の信号が混在した複雑なもので，単一のパラメータでは十分それらの特徴を表すことができない．そこで，複数のパラメータを組み合わせる，たとえば，平均値と準尖頭値の両方を測定して表示することなどが行われたが，近年，複雑な雑音の評価のために関数，つまり分布 (distribution) が測定されるようになってきた．

雑音の特性を記述する分布としては，すでに説明した確率密度関数 (PDF) も

$$F(x) = \frac{\tau_1 + \tau_2 + \cdots + \tau_n}{T}$$

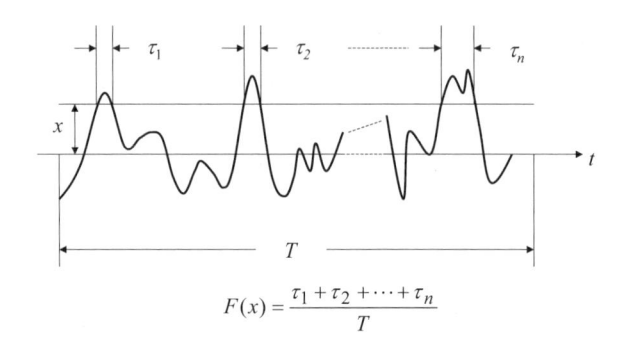

図 9.6 振幅確率分布の計算

その1つであるが，図 9.6 に示すような，観測時間 T の間に信号があるレベル x を越えた割合

$$F(x) = \frac{\tau_1 + \tau_2 + \cdots + \tau_n}{T} \tag{9.20}$$

がよく用いられる．この $F(x)$ を振幅確率分布 (Amplitude Probability Distribution, APD) という．この他，信号があるレベルを正または負の傾きで交差する頻度を表す平均交差率 (Average Crossing Rate, ACR) や，インパルス性雑音に対してパルス間隔分布 (pulse spacing distribution) なども測定の対象となる．

9.3

ガウス・白色雑音に関する測定

9.3.1 等価雑音温度の測定

等価雑音温度の測定は，基本的には時間平均電力の測定であるが，電力計で測定を行うには電力レベルが小さすぎる．そこで，等価雑音温度および反射係数が既知で，測定すべき雑音と同程度のレベルの標準雑音源と比較して測定する．標準雑音源としては，伝送線路と整合がとれた抵抗を規定の温度とした熱雑音源，プラズマから放射される雑音を利用した放電管雑音源，ダイオードの (avalanche，アバランシェ) 現象によって発生する雑音を利用した半導体雑音源

などがある.熱雑音源は温度標準によって絶対的な等価雑音温度を決めることができる.放電管雑音源と半導体雑音源はミリ波領域までの広い周波数範囲に渡って使用できるが,それ自身では絶対的な等価雑音温度を決めることができないので,熱雑音源によって校正する必要がある.

標準雑音源の値として,等価雑音温度以外に過剰雑音温度比 (Excess Noise Ratio, ENR) が用いられることもある.過剰雑音温度比 ENR は等価雑音温度 T_e と基準温度 $T_0 (= 290\text{ K})$ によって以下のように定義されている.

$$ENR = \frac{T_e - T_0}{T_0} \tag{9.21}$$

実際には,デシベル表示値 $ENR_{dB} = 10 \log_{10} ENR$ が用いられることが多い.過剰雑音温度比が表示されている標準雑音源は,一般にスイッチを切り替えると基準温度 T_0 の雑音源となるように設計されている.

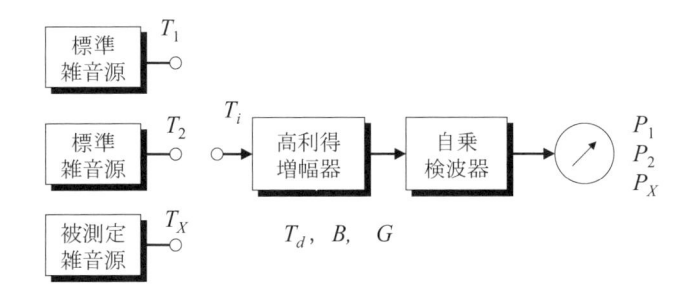

図 9.7 トータルパワー型ラジオメータによる等価雑音温度の測定

被測定雑音源と標準雑音源の比較には,ラジオメータ (radiometer) といわれる装置が用いられる.図 9.7 に,ヘテロダイン方式の高利得増幅器と自乗検波器によって構成されたトータルパワー型のラジオメータを用いた等価雑音温度の測定系の概略を示す.この系において,入出力部の反射が無視できるほど小さいとすれば,入力に等価雑音温度 T_i の雑音源を接続したときの自乗検波器の指示値 P は以下のようになる.

$$P = kBG(T_i + T_d) \tag{9.22}$$

ここで,B, G, T_d はそれぞれ,ラジオメータの帯域,利得,入力換算等価雑

音温度である．

　ラジオメータの特性である B, G, T_d が知られていなくても，入力に等価雑音温度 T_1 と T_2 の2つの標準雑音源と測定すべき等価雑音温度 T_X の雑音源を順次接続すれば，図 9.8 の関係から T_X が以下のように求まる．

$$T_X = T_1 + (T_2 - T_1)\frac{P_x - P_1}{P_2 - P_1} \tag{9.23}$$

ここで，P_x, P_1, P_2 はそれぞれ，被測定雑音源，等価雑音温度 T_1 の標準雑音源，等価雑音温度 T_2 の標準雑音源を入力に接続したときのラジオメータの指示値である．

　トータルパワー型ラジオメータでは，増幅器の利得や内部雑音が周囲の環境などの影響で変動すると，そのまま誤差となる．この点を改善した方式が，図 9.9(a) に示すディッケ型ラジオメータである．この方式では，被測定雑音源からの雑音と標準雑音源からの雑音を電子的スイッチで切り替えて交互に受信する．この受信信号を増幅し，自乗検波すると，図 9.9(b) に示すような出力が得られる．この波形の方形波成分の振幅は，被測定雑音源と標準雑音源の等価雑音温度の差に比例し，測定系の内部雑音には依存しない．方形波成分の振幅は，電子的スイッチを駆動する発振器からの信号を利用して第 4 章で説明した同期検波によって測定する．

9.3.2 雑音指数の測定

　2 ポート回路の雑音指数の測定法として，Y ファクタ法と呼ばれる方法がある．この方法では，図 9.10 に示すように，等価雑音温度が既知の 2 つの標準雑音源を被測定 2 ポート回路の入力に接続し，出力に高感度の電力計を接続する．2 つの標準雑音源のうち，等価雑音温度が高い方の標準雑音源を高温 (ホット) 雑音源と呼び，低い方の標準雑音源を低温 (コールド) 雑音源と呼ぶ．

　高温雑音源を接続したときの電力計の指示値 N_H と，低温雑音源を接続したときの電力計の指示値 N_C との比を $Y = N_H/N_C$ とすれば，雑音指数は以下の式で求めることができる．

9.3 ガウス・白色雑音に関する測定　151

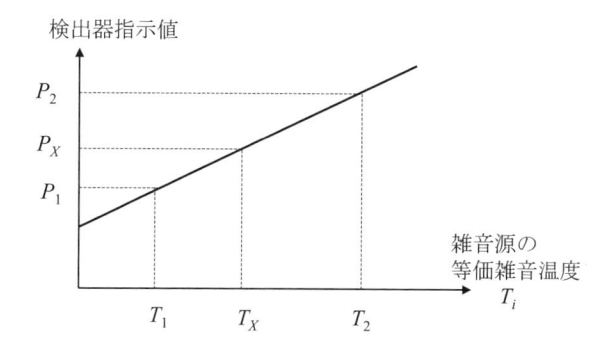

図 9.8 トータルパワー型ラジオメータにおける入出力の関係

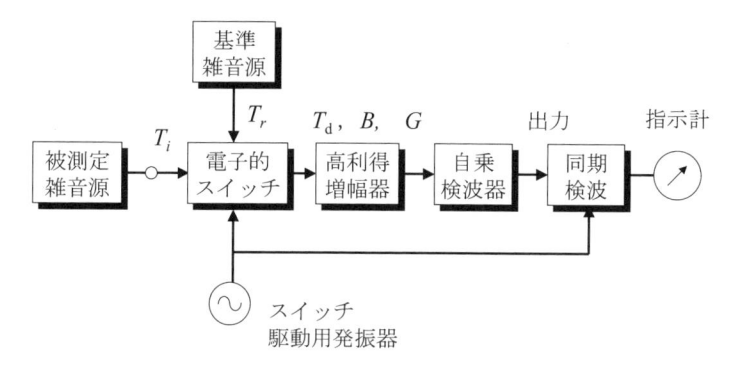

(a) 基本的な構成

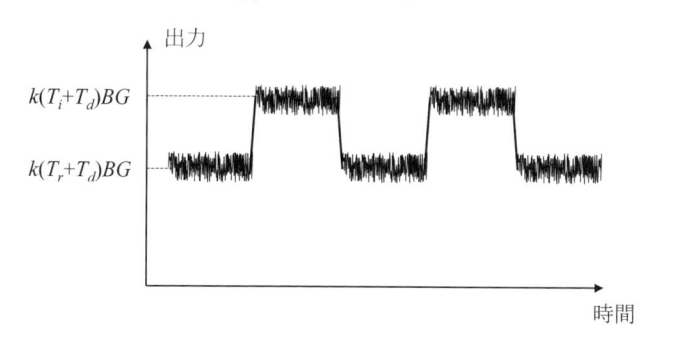

(b) 自乗検波器の出力

図 9.9 ディッケ型ラジオメータの基本的な構成

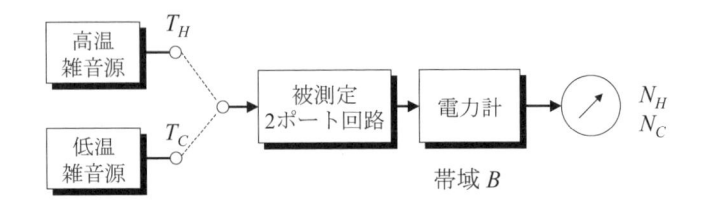

図 9.10 Y ファクタ法による雑音指数の測定

$$F = \frac{\left(\dfrac{T_H}{T_0} - 1\right) - Y\left(\dfrac{T_C}{T_0} - 1\right)}{Y - 1} \tag{9.24}$$

ここで，T_H，T_C はそれぞれ，高温雑音源，低温雑音源の等価雑音温度，T_0 は基準温度 290 K である．

通常は，$T_C = T_0$ に選ぶ．このとき，雑音指数は

$$F = \frac{\left(\dfrac{T_H}{T_0}\right) - 1}{Y - 1} = \frac{ENR}{Y - 1} \tag{9.25}$$

となる．高温雑音源として，過剰雑音温度比の表示されているものを用い，最初に基準温度にセットし，次に所定の過剰雑音温度比 (デシベル値 ENR_{dB}) を出力すれば，以下の式でデシベル表示の雑音指数 F_{dB} を計算することができる．

$$F_{dB} = ENR_{dB} - 10\log_{10}(Y - 1) \tag{9.26}$$

9.4 雑音の時間変化に関する測定

雑音の時間変化に関するパラメータを測定するために，たとえば，雑音の電圧や電界そのものの波形をディジタルオシロスコープで測定することが考えられる．ディジタルオシロスコープによって雑音の時間変化波形をメモリに取り込めば，平均値，実効値，尖頭値，準尖頭値などの単純なパラメータだけでなく，振幅確率分布 (APD) などの雑音統計量[*1]も簡単に求めることができる．し

[*1] 正しくは雑音統計分布と呼ぶべきであるが，一般に雑音統計量と呼ばれている．

9.4 雑音の時間変化に関する測定　153

充電時定数　$T_C \propto R_C \cdot C$
放電時定数　$T_d = R_d \cdot C$
機械的時定数　T_m

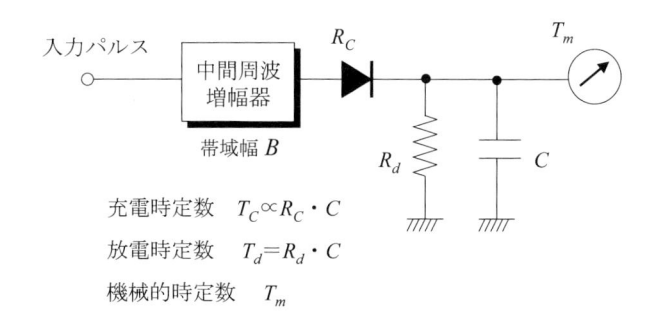

図 9.11　妨害波測定器における検波回路

表 9.1　妨害波測定器の回路定数

周波数範囲	10−150 kHz	0.15−30 MHz	30−300 MHz	300−1000 MHz
帯域幅 B	200 Hz	9 kHz	120 kHz	120 kHz
充電時定数 T_C	45 ms	1 ms	1 ms	1 ms
放電時定数 T_d	500 ms	160 ms	550 ms	550 ms
機械的時定数 T_m	160 ms	160 ms	100 ms	100 ms

かし，妨害電磁波の測定などにおいては，オシロスコープを用いた雑音の時間変化計測はほとんど行われていない．その理由は，オシロスコープなどの広帯域な計測器は，感度が十分でないからである．

　微弱な雑音の時間変化に関しては，すでに述べたように，問題とする一定の帯域内の雑音信号だけを増幅し検波した後の包絡線に関する測定が行われている．検波前の受信系は，第 8 章で説明したスペクトラムアナライザとほぼ同じである．1 GHz 以下の妨害電磁波や妨害電気信号の測定に用いられる妨害波測定器における検波回路を図 9.11 に，準尖頭値を測定するための回路定数を表 9.1 に示す．これらの充放電時定数 T_C，T_d および指示計器の機械的時定数 T_m の値は，妨害波による AM ラジオの受信障害の程度と，妨害波測定器の出力指示値がよい相関関係を持つように主観評価実験によって決められたものである．

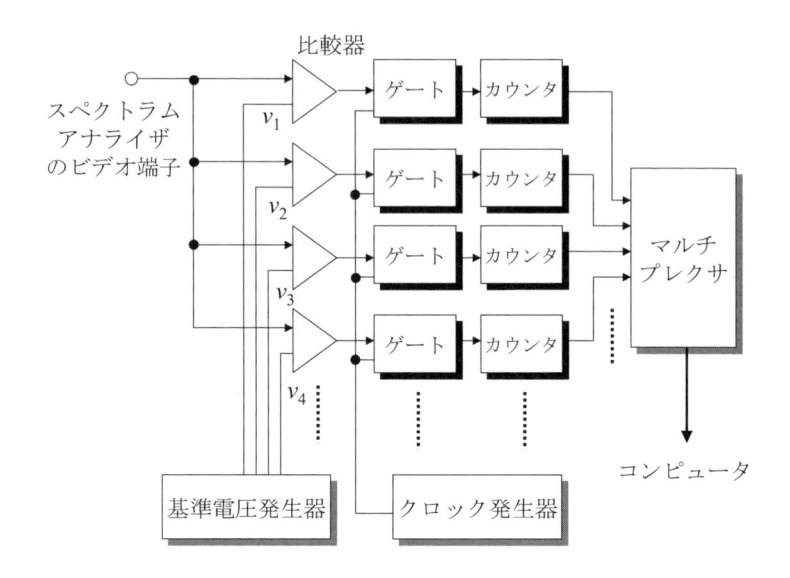

図 9.12 APD 測定システムの例

　雑音統計量の測定においても，検波前の受信系は，スペクトラムアナライザとほぼ同じであり，スペクトラムアナライザの検波後のビデオ出力をそのまま A/D 変換する場合もある．APD 測定システムの一例を図 9.12 に示す．この例では，第 3 章で説明した並列型 A/D 変換器と同様，複数の基準電圧と比較器 (コンパレータ) を用いている．信号が基準電圧以上になると比較器がカウンタ (計数回路) の数値を増加させる．したがって，カウンタで計数されたパルス数とクロック周波数から，コンピュータによる演算で APD が計算できる．マルチプレクサは並列信号を時系列の信号に変換してコンピュータに送るための回路である．このシステムは，設定するレベル数と同じ数の比較器とカウンタが必要となり，回路が複雑になる．そこで，信号をすぐ A/D 変換してメモリに入れ，データ処理するシステムも開発されている．

演習問題 9

9.1 白色雑音の自己相関関数を求め，その意味を説明せよ．

9.2 ガウス・白色雑音が重畳された周期信号の振幅を，1 周期ごとに複数回測定して平均すると，平均回数が増えるほど，SN 比が向上していく．この理由を考えよ．

9.3 EMI および EMC とは何か．

9.4 ある雑音源の伝送線路から見た反射係数の絶対値は 0.5 で，帯域幅 1 kHz あたりの出力電力は 1 pW である．この雑音源の等価雑音温度はいくらか．

9.5 帯域幅 10 MHz，利得 30 dB の増幅器がある．この増幅器の入力に $T_0 = 290$ K の等価雑音温度を持つ標準雑音源を接続したら，出力の整合負荷に吸収された雑音電力は 0.1 nW であった．この増幅器の雑音指数は何 dB か．

9.6 それぞれ，雑音指数 F_1 で電力利得 G_1，雑音指数 F_2 で電力利得 G_2，雑音指数 F_3 で電力利得 G_3 を持つ同じ周波数帯域幅の 3 つの増幅器を縦続接続した回路全体の雑音指数 F を表す式を求めよ．

9.7 雑音指数が式 (9.17) のように表されることを示せ．

9.8 式 (9.23) を証明せよ．

9.9 入出力部の反射が無視できるほど小さいトータルパワー型のラジオメータの入力に等価雑音温度 300 K と 500 K の 2 つの標準雑音源を接続したとき，それぞれの場合の指示値は，300 nW と 400 nW であった．次に，被測定雑音源を接続したら，このラジオメータの指示値が 350 nW となった．被測定雑音源の等価雑音温度はいくらか．

9.10 Y ファクタ法で増幅器の雑音指数を測定するため，入力に等価雑音温度 600 K と 290 K の 2 つの標準雑音源を接続した．600 K の標準雑音源を接続したときの出力電力計の指示値と，290 K の標準雑音源を接続したときの電力計の指示値との比は，1.5 となった．この増幅器の雑音指数はいくらか．

演習問題解答

第 1 章

1.1 測定とは，ある量が単位の何倍であるのかを求めるための行為であり，測定を行うための方法論が計測である．単位は測定量の基準となる量であり，定義にしたがって単位を具体化したものが標準である．1.1 節参照．

1.2 雑音，周囲の環境変動，測定器のくるい，測定に用いた理論における近似，測定者のくせやミスなどがある．これらにより，測定値に「ばらつき」や「かたより」が生じる．

1.3 雑音が混入した波形から，雑音の周波数は 50 Hz の約 10 倍，すなわち 500 Hz 程度である．したがって，たとえば 100 Hz 以下の周波数のみを通過させるフィルタと交流電圧測定器を用いて 50 Hz の交流の振幅を，100 Hz 以上の周波数のみを通過させるフィルタと周波数計を用いて雑音の周波数を測定できる．計測システムの構成は 1.2 節参照．交流電圧の測定では，フィルタにおける減衰を考慮しなければならない．

1.4 1.4 節参照．

1.5 1.4 節 (2) を参照し，たとえば，$x = 0$ と $x = 1$ の標準器を仮定せよ．

第 2 章

2.1 温度の測定は，電子計測の重要な応用分野であり，また高周波電力や光の測定のように温度測定が電磁気量の測定に利用されている．2.1 節参照．

2.2 白金測温抵抗体，サーミスタ，熱電対．それぞれの特徴は，2.1 節 (1) を参照．

2.3 (1) 電流密度 $J = I/tw$，電界 $E = V/w = R_H JB$ から式 (2.1) が得られる．

(2) $R_H = \dfrac{Vt}{IB}$ の単位は，$B = \mu H$ から，$\dfrac{[V][m]}{\frac{[C]}{[s]}[A][H]} = \left[\dfrac{m^3}{C}\right]$

(3) $R_H = \dfrac{10^{-3} \times 0.4 \times 10^{-3}}{10^{-3} \times 4\pi \times 10^{-7} \times 10^5} = 3.2 \times 10^{-3}$ [m^3/C]

2.4 交流磁界は周期的に磁界の振幅が変化している．したがって，サーチコイルのようにコイルを動かす必要はない．測定すべき位置にコイルを置き，コイルの端子

に交流電圧計を接続すればよい．磁界の強さと出力電圧の関係は電磁誘導の法則式 (2.2) から求まる．

2.5 図 解 2.5 のように電流が流れる．

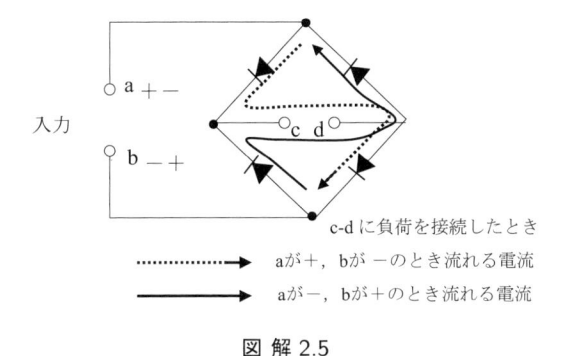

図 解 2.5

c-d に負荷を接続したとき
┄┄┄→ a が ＋，b が － のとき流れる電流
───→ a が －，b が ＋ のとき流れる電流

2.6 平衡条件は，$R_1\{R(T)+r_1\} = R_2\{R_S+r_2\}$ である．たとえば，$R_1 = R_2$ とすれば，$r_1 = r_2$ のとき，r_3 によらず，$R(T) = R_S$．
電圧計の内部抵抗が $R(T)$ およびリード線の抵抗値に比べて十分大きく，電流計の内部抵抗が十分小さい必要がある．

2.7 交流電力に対するボロメータの熱効果が，できる限り直流電力に対する熱効果と等しくなるようにしなければならない．

2.8 フォトダイオードは微小なパワーの光に応答し，かつ広いダイナミックレンジを持っている．たとえば，フォトダイオードの入力光パワーと出力電流が十分な比例関係にあることを確認し，大きいパワーレベルにおいて，サーミスタや熱電対を用いた熱型光センサでフォトダイオードの出力を校正する．

2.9 図 2.15(a) と (b) の内部抵抗が等しく，かつ (b) の開放出力電圧が E_0 に等しくなる必要がある．

2.10 電流源のインピーダンスは無限大であることに留意し，図 2.16 (a)，(b) の内部アドミタンスが等しくなるように Y を決め，短絡電流が等しくなるように (b) の電流源の大きさを決める．

第 3 章

3.1 いま，電圧 V_1 と V_r の振幅が同じ極性 (両方とも正あるいは両方とも負) である場合を考えてみる．このとき，2 つの波は相互に逆方向に進んでいるから，I_i と I_r の振幅の極性は逆になる．(平行な 2 本の導線において，周囲の電界と磁界の様子を考えよ．)

3.2 同軸線路内の波長は真空中の波長に比べて，約 0.61 倍になる．周波数 10 MHz の波長は約 18.3 m である．

3.3 正規化インピーダンスは，$0.5 + j2.0\ [\Omega]$ である．したがって，反射係数の絶対値は約 0.825, 位相角は約 50.9° となる．

3.4 VSWR は 2.0 である．VSWR はやはり，2.0 である．

3.5 内導体の直径は約 0.848 mm となる．

3.6 高次モード遮断周波数は約 19.0 GHz である．

3.7 (1) 電力利得は 17 dB
    (2) 1μW の入力に対する出力は -13dBm

3.8 入力の抵抗 R_1 に流れる電流を i_1, 負帰還抵抗 R_o に流れる電流を i_o とすれば，
$$v_o - v_1 = i_o R_o = i_1 R_o, \quad i_1 = \frac{v_1}{R_1}$$
(イマジナリーショートを考えよ) から求まる．

3.9 積分回路では，入力に電圧 v_1 が加わると，抵抗 R には $i_1 = \dfrac{v_1}{R}$, コンデンサ C には，$i_f = \dfrac{dq}{dt}$ だけの電流が流れる．q はコンデンサの電荷 $q = Cv_o$ である．出力電圧 $v_o = \dfrac{1}{C}\int i_f dt$, $i_f = -i_1$ から，式 (3.21) が求まる．

微分回路では，入力に電圧 v_1 が加わると，コンデンサ C には $i_1 = \dfrac{dq}{dt} = \dfrac{d}{dt}(Cv_1)$, 抵抗 R には $i_f = -i_1$ だけの電流が流れる．出力電圧 $v_o = i_f R$ から，式 (3.22) が求まる．

3.10 出力端子に 50 Ω の抵抗負荷を接続して，入力端子から見た抵抗を計算し，入力端子に 50 Ω の抵抗負荷を接続して，出力端子から見た抵抗を計算する．

3.11 フラッシュ型 A/D 変換器と逐次近似型 A/D 変換器について，3.4 節を参照せよ．

第 4 章

4.1 たとえば，空気との摩擦抵抗がばね秤における制動力として働く．制動力が無ければ，載せられたおもりは，いつまでも上下に振動する．

4.2 電流計に並列に 100 Ω の抵抗を接続する．これを，分流器という．

4.3 交流電流計の指針は，三角波の全波整流の平均値 0.25 A に比例して振れる．しかし，交流電流計では，入力が正弦波であるとして，平均値を実効値に換算し目盛が振られている．正弦波の場合，実効値と平均値の比は，約 1.11 である (計算し，確かめよ)．したがって，指示値は 0.2775 A となる．一方，この三角波の実効値は，0.2885 A である．

4.4 4.1 節 (2) 参照．

4.5 4.1 節 (4) 参照.

4.6 たとえば，電圧の位相を 90°遅らせて有効電力の測定法を用いる.

4.7 A 点の電圧は，直流電圧 v_p と高周波電圧 v が重畳された $v_p + v$ であり，これを C_2 と R に加えると，出力は直流電圧 v_p となる.

4.8 参照信号がなければ，位相が測定できない.

4.9 -0.83 % となる.

4.10 バランスされた状態では，ボロメータに流れる電流は，i_1, i_2 の $1/2$ となる. 抵抗 r を変化させると，ボロメータに流れる電流が変化して，ボロメータの抵抗値が変わり，バランスがとれる.

第 5 章

5.1 コンダクタンスは 12 mS, サセプタンスは 9.75 mS となる (単位 S はジーメンス).

5.2 抵抗分が直流抵抗の半分となる周波数は 1.6 MHz, リアクタンス分は -50 kΩ.

5.3 共振周波数は 1.125 MHz, 共振時のインピーダンスは純抵抗 141.4 Ω.

5.4 図 5.5(a) の接続は，電流が Z_V に分流され誤差となる. したがって被測定インピーダンスの大きさが小さい場合に適している. 一方, 図 5.5(b) の接続は，電圧計が Z_I と Z の直列インピーダンス両端の電圧を測定し誤差となる. したがって被測定インピーダンスが大きい場合に適している.

5.5 誤差補正されていない測定値 Z_{mX} は，
$$Z_{mX} = \frac{V_1}{I_1} = \frac{AV_2 + BI_2}{CV_2 + DI_2}$$
接続端子を開放すると $Z_{mO} = \dfrac{A}{C}$, 短絡すると $Z_{mS} = \dfrac{B}{D}$, 対称回路では $A = D$, 比測定素子のインピーダンスは $Z_X = \dfrac{V_2}{I_2}$, これらの関係から式 (5.14) が得られる.

5.6 コイルのインダクタンスは 12.7 mH, 抵抗分は 160 Ω.

5.7 被測定コンデンサを接続せず共振させる. このときの標準コンデンサの容量を C_1 とする. 次に，被測定コンデンサを接続し，標準コンデンサの容量を変化させて同じ周波数で共振させる. このときの標準コンデンサの容量を C_2 とすれば，$C_X = C_1 - C_2$.

5.8 信号源と電力計を直結し，電力計の指示値を読む. 次に，信号源と電力計の間に被測定受動回路を挿入し，電力計の指示値を読む. これら 2 つの指示値の比を計算し，デシベル表示する. 式 (5.25) より，この比は電力計の反射が 0 のとき，$|S_{21}|$ に等しくなる. したがって，正確に測定するには，電力計の反射が十分小さいことが要求される.

5.9 図 5.17 における基準面 0 と基準面 1 の入射波, 反射波を a_0, b_0, a_1, b_1 とすれば,

$$\begin{pmatrix} b_0 \\ b_1 \end{pmatrix} = \begin{pmatrix} e_{00} & e_{01} \\ e_{10} & e_{11} \end{pmatrix} \begin{pmatrix} a_0 \\ a_1 \end{pmatrix}$$

と書ける.この式と,反射係数 $\Gamma_1 = \dfrac{a_1}{b_1}$ の関係を用いて,$\dfrac{b_0}{a_0}$ を計算すれば求まる.

5.10 式 (5.31) で,反射係数 Γ_1 の代わりに整合負荷を接続したときの γ_0 を $\gamma_0(0)$,短絡器を接続したときの γ_0 を $\gamma_0(+1)$, 開放器を接続したときの γ_0 を $\gamma_0(-1)$ とすれば,

$$e_{00} = \gamma_0(0)$$

$$e_{11} = \frac{2\gamma_0(0) - \gamma_0(-1) - \gamma_0(+1)}{\gamma_0(-1) - \gamma_0(+1)}$$

$$e_{01}e_{10} = \frac{2\{\gamma_0(+1) - \gamma_0(0)\}\{\gamma_0(-1) - \gamma_0(0)\}}{\gamma_0(-1) - \gamma_0(+1)}$$

第 6 章

6.1 6.1 節 (2) 参照.画面に波形を静止させる必要がある.

6.2 6.1 節 (3) 参照.観測信号の 100 以上の周期から波形を合成する必要がある.

6.3 図 6.11 の等価回路において,大きさ E のステップ電圧波形が加えられたとき,コンデンサ C の両端の電圧は,

$$V_C = E\left\{1 - \exp\left(-\frac{1}{R_S C_S}t\right)\right\}$$

である.$V_C = 0.9\,E$ になる時間 t を求めれば,式 (6.2) が得られる.
周波数帯域 200 MHz のオシロスコープの立ち上がり時間は約 7 ns である.

6.4 オシロスコープの入力電圧 V_0 は,

$$V_0 = \frac{1}{1 + \dfrac{R_1(1 + j\omega C_P R_P)}{R_P(1 + j\omega C_1 R_1)}} V_1$$

であるから,$R_1 C_1 = R_P C_P$ であれば,オシロスコープの入力電圧 V_0 は周波数によらずに,プローブの入力電圧 V_1 によって式 (6.6) のように決まる.

6.5 $R_1 = 9\,\text{M}\Omega$, $C_1 = 2.2\,\text{pF}$.オシロスコープへの入力電圧は 10 分の 1 となる.

第 7 章

7.1 直接計数方式とレシプロカル方式について,7.3 節 (1) 参照.

7.2 7.3 節 (1) および図 7.5 参照．この誤差を低減するには，レシプロカル方式において，端数時間の測定が行われる．図 7.6 参照．

7.3 周波数 f_S の正弦波と，周波数 f_{LO} の正弦波を掛け合わせ，三角関数の積–和の公式を適用する．

7.4 交流ブリッジの平衡条件は，対辺どうしのインピーダンスの積が等しくなることである．図 7.9 でこの計算を行い，実数部と虚数部を共に等しくする．

7.5 水平軸 (x 軸) に加わる電圧を $V_X(t) = E_X \sin(\omega t)$，垂直軸 ($y$ 軸) に加わる電圧を $V_Y(t) = E_Y \sin(\omega t + \varphi)$ とする (φ は位相差)．この 2 つの式から，時間 t を消去すれば，
$$\frac{x^2}{E_X^2} + \frac{y^2}{E_Y^2} - 2\frac{xy}{E_X E_Y}\cos\varphi = \sin^2\varphi$$

7.6 図 7.14 で，$b/a = 0.5$ である．これと同じリサジュー図形となる位相差は $-30°$，$\pm 150°$．

第 8 章

8.1 式 (8.2)〜(8.4) で $g(t) = 1$ とせよ．

8.2 式 (8.7) で $g(t) = 1$ とし，三角関数の指数表示 (オイラーの公式) を利用せよ．周期波形のスペクトルは離散的となるが，単発波形のスペクトルは連続関数である．

8.3 (1) しゃ断周波数より十分低い周波数，十分高い周波数における動作は，以下の図 解 8.3(1) を参照．
   (2) 帯域阻止フィルタの回路例として，以下の図 解 8.3(2) を参照．

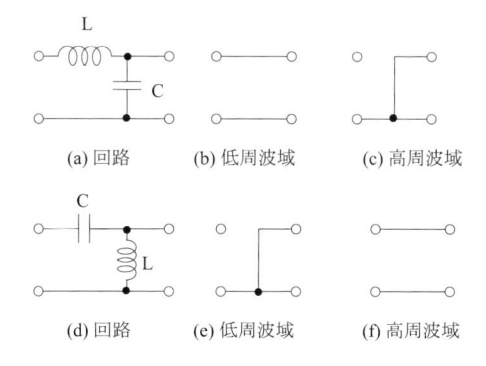

図 解 8.3(1)　低域フィルタ回路 (a) とその動作 (b)，(c)
　　　　　　高域フィルタ回路 (d) とその動作 (e)，(f)

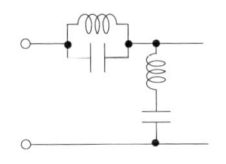

図解 8.3(2)

8.4 スペクトラムアナライザの出力には，信号の各周波数成分の位相に関する情報がない．

8.5 (1) 局部発振器に必要な周波数可変範囲は 4 GHz である．
(2) 5 GHz と 7 GHz である．

第 9 章

9.1 白色雑音の電力スペクトル密度は，周波数に関して一定である．この値を N とすると，その自己相関関数は，定数 N をフーリエ逆変換すればよい．その結果，白色雑音の電力スペクトル密度 $R_w(\tau)$ は，

$$R_w(\tau) = N\delta(\tau)$$

となる．ここで，$\delta(\tau)$ はディラックのデルタ関数であり，$\tau=0$ 以外では 0 となる関数である．したがって，白色雑音は時間波形を少しでもずらすと相関がない．

9.2 複数回測定して和をとると，信号の振幅は測定回数に比例して増加するが，ガウス・白色雑音は位相がランダムであるため，振幅の増加は信号よりも小さい．

9.3 9.1 節 (4) 参照．

9.4 式 (9.11) から，約 9.66×10^7 K となる．

9.5 式 (9.11) から，約 4 dB となる．

9.6 $F = F_1 + \dfrac{F_2 - 1}{G_1} + \dfrac{F_3 - 1}{G_1 G}$

9.7 $S_1 = GS_i$ を式 (9.17) に代入する．

9.8 図 9.8 参照．

9.9 式 (9.23) から，400 K と求まる．

9.10 式 (9.25) から，雑音指数は 2.14 となる．

付録　国際単位系(SI)

国際単位系 (SI : Systeme International d'Unites) 日本語版 (訳編　工業技術院計量研究所, 社団法人 日本計量協会, 1992.7.5) より抜粋.

1. SIの構成

表1　SIの構成

$$
\text{SI 単位系}\begin{cases} \text{SI 単位}\begin{cases} 1. & \text{基本単位} \\ 2. & \text{組立単位} \\ 3. & \text{補助単位} \end{cases} \\ \text{SI 単位の 10 の整数倍乗 (接頭語)} \end{cases}
$$

2. SI基本単位

2.1 定　義

(a) メートルは，1秒の299 792 458分の1の時間に光が真空中を伝わる行程の長さである (第17回CGPM(1983年)，決議1).

(b) キログラムは質量の単位であって，それは国際キログラム原器の質量に等しい (第1回CGPM(1889年) 声明，第3回CGPM(1901年) 確認).

(c) 秒は，セシウム133の原子の基底状態の2つの超微細順位の間の遷移に対応する放射の9 192 631 770周期の継続時間である (第13回CGPM(1967年)，決議1).

(d) アンペアは，真空中に1メートルの間隔で平行に置かれた無限に小さい円形断面積を有する無限に長い2本の直線状導体のそれぞれを流れ，これらの導体の長さ1メートルごとに2×10^{-7}ニュートンの力を及ぼしあう一定の電流である (CIPM(1946年)，決議2，第9回CGPM(1948年) 承認).

(e) 熱力温度の単位，ケルビンは，水の三重点の熱力学温度の1/273.16である (第13回CGPM(1967年)，決議4).

(f) 1. モルは 0.012 キログラムの炭素 12 の中に存在する原子の数と等しい数の要素粒子を含む系の物質量である.
2. モルを用いるとき要素粒子が指定されなければならないが，それは原子，分子，イオン，電子，その他の粒子またはこの種の粒子の特定の集合体であってよい (第 14 回 CGPM(1971 年)，決議 3).

(g) カンデラは，周波数 540×10^{12} ヘルツの単色放射を放出し，所定の方向におけるその放射強使が 1/683 ワット毎ステラジアンである光源の，その方向における光度である (第 16 回 CGPM(1979 年)，決議 3).

2.2 記　　号

表 2　SI 基本単位

量	単位	記号
長　　さ	メートル	m
質　　量	キログラム	kg
時　　間	秒	s
電　　流	アンペア	A
熱力学温度	ケルビン	K
物 質 量	モル	mol
光　　度	カンデラ	cd

3. SI 組立単位

表 3　基本単位を用いて表現される SI 組立単位の例

量	単位	記号
面　　積	平方メートル	m^2
体　　積	立方メートル	m^3
速　　さ	メートル毎秒	m/s
加　速　度	メートル毎秒毎	m/s^2
波　　数	メートルマイナス 1 乗	m^{-1}
密　　度	キログラム毎立方メートル	kg/m^3
比　体　積	立方メートル毎キログラム	m^3/kg
電 流 密 度	アンペア毎平方メートル	A/m^2
磁界の強さ	アンペア毎メートル	A/m
(物質量の) 濃度	モル毎立方メートル	mol/m^3
輝　　度	カンデラ毎平方メートル	cd/m^2

表 4　固有の名称を持 SI 組立単位

量	単位	記号	他の SI 単位による表現	SI 基本単位による表現
周波数	ヘルツ	Hz		s^{-1}
力	ニュートン	N		$m \cdot kg \cdot s^{-2}$
圧力, 応力	パスカル	Pa	N/m^2	$m^{-1} \cdot kg \cdot s^{-2}$
エネルギー, 仕事, 熱量	ジュール	J	$N \cdot m$	$m^2 \cdot kg \cdot s^{-2}$
工率, 放射束	ワット	W	J/s	$m^2 \cdot kg \cdot s^{-3}$
電気量, 電荷	クーロン	C		$s \cdot A$
電位, 電圧, 起電力	ボルト	V	W/A	$m^2 \cdot kg \cdot s^{-3} \cdot A^{-1}$
静電容量	ファラド	F	C/V	$m^{-2} \cdot kg^{-1} \cdot s^4 \cdot A^2$
電気抵抗	オーム	Ω	V/A	$m^2 \cdot kg \cdot s^{-3} \cdot A^{-2}$
コンダクタンス	ジーメンス	S	A/V	$m^{-2} \cdot kg^{-1} \cdot s^3 \cdot A^2$
磁束	ウェーバ	Wb	$V \cdot s$	$m^2 \cdot kg \cdot s^{-2} \cdot A^{-1}$
磁束密度	テスラ	T	Wb/m^2	$kg \cdot s^{-2} \cdot A^{-1}$
インダクタンス	ヘンリー	H	Wb/A	$m^2 \cdot kg \cdot s^{-2} \cdot A^{-2}$
セルシウス温度	セルシウス度	°C		K
光束	ルーメン	lm		$cd \cdot sr$
照度	ルクス	lx	lm/m^2	$m^{-2} \cdot cd \cdot sr$

4. SI 補助単位, SI 接頭語

表 5　SI 補助単位

量	単位	記号	SI 基本単位による表現
平面角	ラジアン	rad	$m \cdot m^{-1} = 1$
立体角	ステラジアン	sr	$m^2 \cdot m^{-2} = 1$

表 6　SI 接頭語

倍数	接頭語	記号	倍数	接頭語	記号
10^{18}	エクサ	E	10^{-1}	デシ	d
10^{15}	ペタ	P	10^{-2}	センチ	c
10^{12}	テラ	T	10^{-3}	ミリ	m
10^{9}	ギガ	G	10^{-6}	マイクロ	μ
10^{6}	メガ	M	10^{-9}	ナノ	n
10^{3}	キロ	k	10^{-12}	ピコ	p
10^{2}	ヘクト	h	10^{-15}	フェムト	f
10^{1}	デカ	da	10^{-18}	アト	a

参考文献

1. 菅野 允：改訂 電磁気計測，電子情報通信学会大学シリーズ，コロナ社（1991）
2. 大森俊一，横島一郎，中根 央：高周波・マイクロ波測定，コロナ社（1992）
3. 大森俊一，根岸照雄，中根 央：基礎電気・電子計測，槙書店（1990）
4. 日野太郎：電気計測基礎，電気学会大学講座，電気学会（1990）
5. 大浦宣徳，関根松夫：電気・電子計測，大学課程基礎コース2，昭晃堂（1992）
6. 金井 寛，斎藤正男，日高邦彦：電気磁気測定の基礎，(1992)
7. 都築泰雄：電子計測，電子情報通信学会大学シリーズ，コロナ社（1981）
8. 電気学会電磁波雑音のタイムドメイン計測技術調査専門委員会編：電磁波雑音のタイムドメイン計測技術，コロナ社（1995）
9. 岩﨑 俊：マイクロ波・光回路計測の基礎，コロナ社（1993）
10. 高橋 清：センサ技術入門，工業調査会（1978）
11. 石井宗典，東生造，青木俊男，大井国夫：マイクロ波回路，日刊工業新聞社（1969）
12. 日比野倫夫：電気回路B，インターユニバーシティシリーズ，オーム社（1999）
13. 重井芳治：電気通信工学，電気系基礎シリーズ，朝倉書店（1982）
14. 大照 完：基礎電気計測，オーム社（1972）

索　引

【英文索引】

A/D 変換　52
A/D 変換器　3
ACR　148
APD　23, 148
BASIC　56
BNC　39
CR 積分回路　18
CR 平滑回路　63
CRT　97, 133
D/A 変換　53
D/A 変換器　3
DFT　135
EIA　56
EMC　142
EMI　142
ENR　149
$1/f$ 雑音　142
FET　60
FET 増幅器　109
FFT　135
FFT アナライザ　135, 136
GP-IB　55
HP-IB　55
IC　44
IEC　55, 96
IF フィルタ　118
JJY　123
LCR メータ　82
LC 回路　128
LC 共振器　112
LC 共振周波数計　119
LC 直列回路　84
LC 直列共振回路　128
LC 並列共振回路　128
LCR メータ　82
Open/Short 補正　83
Open/Short/Load 補正　83
P 型電圧計　68
$PbTiO_3$　24
PDF　140, 147

peak-to-peak 値　95
pn 接合　18
PVF_2　24
Q　80
Q メータ　84
RC 回路　128
RC 低域フィルタ　106
RF I-V 法　82
RS-232-C　56
S パラメータ　86
SI 基本単位　111, 163
SMA　39
SMD　82
SN 比　146
SOLT 法　92
TGS　24
TRL 法　92
Y ファクタ法　150

【和文索引】

あ 行

アクティブ　5
アクティブプローブ　109
アッテネータ　3
アドミタンス　78
アナログオシロスコープ　97
アナログ指示計器　58
アナログ信号　2
アナログ–ディジタル変換器　3
アナログ電子電圧・電流計　60
アナログ量　51
アバランシェ現象　148
アバランシェフォトダイオード　23
アンテナのフィーダー　38
アンプ　3
移相器　70
位相検波　63
位相検波器　82
位相差の測定　122

168　索　引

イマジナリーショート　45
イメージ応答　133
イメージ信号　133
陰極　97, 141
インジウムアンチモン　16
インジウム–ガリウム–ヒ素　22
インジウムヒ素　16
インダクタンス　79
インターフェース　54
インパルス性の雑音　147
インピーダンス　77
インピーダンス整合　34, 48
インピーダンス変換　40, 48
ウィーンブリッジ　119
エイリアジング　136
エルゴート過程　139
演算増幅器　44, 60
オシロスコープ　95
オルタネート方式　100
温度　13
温度係数　25
温度–抵抗特性　25
温度補償　14

か　行

外部雑音　138
外部導体　36
外部トリガ　98
開放　83
開放端　92
回路の透過特性　87
回路の反射特性　87
ガウシャン　141
ガウス雑音　141
ガウス・白色雑音　141
±1 カウント誤差　115
確定信号　138
確率過程　138
確率密度関数　140, 141, 147
掛算器　69
可動コイル　67
可動コイル型電流計　58
過剰雑音温度比　149, 152
画像ストレージ型 CRT　102
カロリーメータ電力計　71
完全導体　32
干渉　35
管理バス　55
機械的時定数　153
規格化インピーダンス　33
帰還抵抗　81

基準電圧発生器　52
基準電位（アース）端子　44
基準面　86
帰線消去　98
基本波　124
逆問題　8
キャパシタンス　79
キャリアの移動時間　29
吸収電力　70
共振角周波数　84
局部発振器　132
金属酸化物半導体　20
空洞共振器　120
駆動力　58
繰り返し波形　98
クリスタルダイオード　19
クロックパルス　66
クロメル–アルメル　14
蛍光面　98
計数回路　66, 114
計測　1
計測のモデル化　8
計測標準　1
計測用機器　2
計測用素子　2
結合器　3
結合度　89
ゲート回路　66, 113
ケーブル　31
ゲルマニウム　16, 19, 22
検出器　2, 12
原子時計　123
減衰器　3
減衰量　88
コイル　16
コイルの回路モデル　80
コイルの損失　84
コイルの内部抵抗　59
高域フィルタ　128
高温（ホット）雑音源　150
高次モード遮断周波数　38
高周波　10
高周波電圧　18
高周波電流計　64
高周波電流電圧計法　82
校正　92
広帯域増幅器　82
高調波　124
高調波ミキシング　134
光電効果　23
光電子増倍管　23

光導電セル　21
交流増幅　61
交流電子電圧計　61
交流電流　63
交流電流の実効値　64
交流電力計　67
誤差回路　92
誤差補正　82
固定コイル　67
コード発生器　53
コード変換器　53
コネクタの着脱　36
混合　134
コンダクタンス　78
コンデンサの回路モデル　80
コンデンサの損失　84
コントローラ　3, 55
コンパレータ　154

さ　行

最大値　95
最大電力容量　39
サセプタンス　78
サーチコイル　17
雑音　8, 138
雑音指数　144
雑音出力　144
雑音電力　144
雑音統計量　152
サーミスタ　14, 73
サーミスタ係数　25
サーミスタ測温体　14
サーモパイル　14
参照信号　69
3 線式のブリッジ測定　25
サンプリング　101
サンプリングオシロスコープ　105
サンプリング周波数　136
サンプリング定理　103, 136
サンプリングレート　104
残留定在波比　39
時間　111
時間基準パルス発生器　114
時間軸　98
時間と周波数の標準　123
時間平均　139
時間平均電力　142
磁界プローブ　110
磁界測定　17
磁気　15
磁気センサ　27

シーケンシャルサンプリング　103
自己相関関数　140
磁気変調器　17
システム　3
システム定数　92
自然現象による雑音　142
自然対数　37
磁束　17
磁束密度　15, 16
実効値　62, 67, 68, 95, 146
実時間サンプリング方式　103
時定数　29
自動化ネットワークアナライザ　93
自動平衡ブリッジ法　82
自動平衡方式ボロメータブリッジ電力計　73
ジーメンス　78
しゃ断周波数　128
ジャック　56
周期　111
周期波形　124
自由キャリア　21
集合平均　139
集積回路　44
集積回路センサ　15
縦続行列　83
集中定数回路　31
周波数　95
周波数の校正　121
周波数カウンタ　112, 113
周波数シンセサイザ　90
周波数成分　124
周波数測定器　4
周波数帯　10
周波数帯域　107
周波数標準　123
周波数変換　118
周波数領域　10
充放電時定数　153
10 進数　52
受動的　5
出射波　86, 88
出力インピーダンス　48
出力側ポート　51
出力抵抗　60
順次 (シリアルに) 転送　55
瞬時電力　67
準尖頭値　146
準尖頭値検波　133
純抵抗　33
順問題　8
焦電型光センサ　27

170　索引

焦電効果　24
衝突電離　23
ショットキーバリアダイオード　71
ショットキー障壁ダイオード　19
ショット雑音　141
ジョンソン雑音　141
シリアル伝送　56
シリコン　19, 21
信号源　2
信号線　55
信号対雑音比　29
振幅確率分布　148
真空中の光速　32
シンクロスコープ　98
真性半導体　22
人工雑音　142
水晶温度センサ　15
水晶発振器　113
垂直軸　98
垂直軸の感度　105
水平軸　98
スカラネットワークアナライザ　88
スキャンコンバータ管　102
ステップ応答波形　96
スペクトラム　125
スペクトラムアナライザ　129
スペクトル　125
正規化インピーダンス　33
正規化抵抗　33
正規化リアクタンス　33
正規分布　141
制御力　58
整合状態　34
整合負荷　90, 92
静磁界　15
制動力　58
正のピーク値　95
正の方向に進む電力　33
整流回路　18, 68
整流型センサ　18
整流型電力計　71
積分回路　47
セシウム133原子　123
接合部　39
接合部の等価容量　28
接合容量　29
接続損失　39
ゼーベック効果　14
セミリジッド・ケーブル　37
センサ　2, 12
センサの等価回路　24

選択レベル計　120
尖頭値　133, 146
全波整流　18
線路　31
掃引　98
増幅　44
増幅器　3
増幅器の縦続接続　44
測定　1
測定可能最大値　59
測定器　2
測定値　1
測定標準　1
測定量　1
阻止域　127
損失　80
損失係数　80

た　行

多重反射　109
対称回路　83
対数増幅器　133
帯域フィルタ　128
帯域フィルタの減衰量　129
帯域阻止フィルタ　128
帯域通過フィルタ　128
ダイオード　18
第2高調波　124
第3高調波　124
立ち上り時間　96
立ち下り時間　96
単位　1
タングステンウィスカ　19
タンデルタ　80
単発波形　126
単発波形の観測　105
短絡　83, 92
断熱型カロリーメータ　74
遅延回路　100
逐次近似型A/D変換器　53
中間周波数　117
中間周波数フィルタ　118, 132
中心導体　36
直接計数方式　112
直接接続　92
直流置換　21, 23, 64, 72
直流電圧計　60
直列等価回路　107
チョッパ　24
チョップ　100
チョップ方式　100

索引

通過域　127
つる巻きバネ　58
低域フィルタ　70, 127
低温（コールド）雑音源　150
定格値　59
抵抗負荷　66
抵抗分圧器　60
抵抗の回路モデル　80
定在波比　35
低雑音増幅器　145
ディジタル–アナログ変換器　3
ディジタルオシロスコープ　102
ディジタル計測システム　54
ディジタル信号　1
ディジタル信号処理　8
ディジタルストレージオシロスコープ　102
ディジタル電子電圧・電流計　64
ディジタル電子電圧計　66
ディジタルマルチメータ　66
ディジタル量　51
低周波　10
定常過程　139
ディッケ型ラジオメータ　150
逓倍　134
デシベル　40, 88, 149
テストフィクスチャ　82
データ処理装置　3
データ伝送方式　55
デービーエム　42
デービーブイ　43
デービーマイクロ　43
デービーワット　42
テブナンの等価回路　27
テブナンの定理　28
デュアルスロープ積分方式　65
テレビ電波のカラーサブキャリア信号　123
電圧源　27
電圧降下　48
電圧増幅度　43
電圧測定器　4
電圧測定用のプローブ　109
電圧定在波　35
電圧定在波比　35
電圧電流測定法　80
電圧の瞬時値　66
電圧波　32
電圧反射係数　34
電圧ホロワ　49
電圧利得　43
電位差検出器　82
電界効果トランジスタ　60

電界効果トランジスタ増幅器　109
電気計器　2, 58
電源の起電力　48
電磁オシログラフ　95
電磁環境　142
電磁干渉　142
電子計測　1
電子計測システム　4
電子計測器　2
電子銃　98
電子–正孔対　23
電磁波　10
電子ビーム　97
転送バス　55
伝送線路　3, 31, 92
電動機（モータ）　58
電流プローブ　109
電流源　27
電流増幅度　43
電流電圧変換回路　60, 81
電流電圧変換器　66
電流の瞬時値　66
電流波　32
電流密度　16
電流利得　43
電流力計型計器　67
電力計の反射係数　70
電力スペクトル密度　140
電力増幅度　43
電力比　42
電力利得　43
等価雑音温度　143
等価時間サンプリング方式　103
等価内部アドミタンス　27
等価内部インピーダンス　27
同期　98
同期検波　62
同期検波増幅器　62
銅–コンスタンタン　14
同軸カートリッジ型クリスタルダイオード　19
同軸コネクタ　38
同軸線路　36
透磁率　38
トーカ　55
特性インピーダンス　33, 87
トータルパワー型ラジオメータ　149
トランジェント・デジタイザ　106
トランスジューサ　12
トリガ　98
トリガポイント　104

トリガ信号　98

な　行

ナイキスト雑音　141
内部インピーダンス　27
内部クロック　104
内部雑音　138
内部抵抗　50
内部導体　36
内部トリガ　98
なだれ現象　148
なだれ増倍　23
波　32
2 ポート回路　86
2 現象の観測　100
2 重積分型 A/D 変換　65
2 進数　52
2 端子対回路　82, 86
入射光子　22
入射電圧波　34, 86
入射電力　70
入射波　86
入力側ポート　51
入力換算等価雑音温度　145
入力抵抗　60
入力等価回路　106
ヌル・ディテクタ　82
熱型センサ　20, 23
熱型電力計　71
熱雑音　141
熱電型交流電流計　63
熱電堆　14
熱電対　14
熱電対温度計　64
熱電対電力計　71, 73
能動的　5
ネットワークアナライザ　88, 91
ノイズ　8, 138
ノイズフィギュア　144
のこぎり波　98
ノートンの等価回路　27
ノートンの定理　28

は　行

白金測温抵抗体　13
白色雑音　141
波形誤差　68
波形デジタイザ　106
波形のひずみ　106
バス　55
端数時間の測定　115

パッシブ　5
パルス間隔分布　148
パルス電力　70
パルス波形　95, 107
パルス幅　96
バレッタ　20, 73
パワースペクトル密度　140
反射　35, 92
反射係数　34
反射電圧波　34, 86
反射電力　70
反射波　86
反転増幅　46
反転増幅器　46
反転入力端子　45
半導体温度センサ　14
ハンドシェーク　55
半波整流回路　18
比較器　52, 154
光センサ　21
光パワーメータ　23
ピーク値　68, 95, 133
ピーク値整流型電子電圧計　68
ピーク電力　70
ひずみ交流　62, 68
被測定雑音源　150
ビット　52
ビデオフィルタ　133
ビードサーミスタ　20
非反転増幅　46
非反転増幅器　46
非反転入力端子　45
微分回路　48
比誘電率　32
標準　1
標準器　9
標準雑音源　150
標準電圧　123
標準偏差　141
ファラデーの電磁誘導の法則　17
フィルタ　3, 127
フォトダイオード　21
フォトマル　23
負荷インピーダンス　66
負帰還　46, 61
不規則信号　138
複素スペクトル　132
複素振幅比　82
不整合誤差　70
負のピーク値　95
負の方向に進む電力　33

索 引 173

浮遊容量　75, 82, 119
ブラウン管　97
ブラウン管オシロスコープ　97
プラグ　56
フラックスゲート型磁束計　17
フーリエ変換　126
プリセレクタ　133
フリッカ雑音　142
ブリッジ　61
ブリッジの不平衡電圧　73
フリップフロップ　115
プリトリガ　103
プローブ　108
分圧器　60
分解能　52
分岐素子　3
分布　147
分布定数回路　31
平均交差率　148
平均値　95, 133, 139, 141, 146
平均電力　70
平衡条件　119
平行2線線路　36
米国電子工業会　56
並列（パラレル）　55
並列型A/D変換器　53, 154
並列等価回路　107
ヘテロダイン検波　91
ヘテロダイン周波数変換　117
ヘテロダイン方式スペクトラムアナライザ
　　　　132
ベクトル電圧計　69, 80
ベクトル電流計　80
ベクトルネットワークアナライザ　88
変圧器　49
変換速度　53
ペンレコーダ　95
ホイートストンブリッジ　72
方形波　62
方向性　89
方向性結合器　4, 88
包絡線　146
包絡線検波　133
ポート　86
ポリフッ化ビリニデン　24
ホール起電力　16
ホール係数　16
ホール素子　16
ボロメータ　20
ボロメータ素子　20
ボロメータブリッジ電力計　71

ボロメータブリッジ法　74
ボロメータユニット　20

ま　行

マイクロストリップ線路　36
マイクロチャンネルプレート付きCRT　102
マイクロ波　10
マイクロ波周波数カウンタ　117
マイクロ波電圧計　75
マイクロ波電力計　70
ミクサ　133
ミクサの非線形性　134
ミリ波　118
無効電力　76
無次元量　33, 88
無損失　32
命令（コマンド）　56
メータ　58
モデム　56

や　行

有効電力　67
誘電正接　80
誘電率　38
誘導性リアクタンス　79
有能電力　143
ユニバーサルカウンタ　113
陽極　98
容量性リアクタンス　79
4線式の電圧・電流測定　25
4端子回路　86

ら　行

ラジオメータ　149
ランダムサンプリング　103
リアクタンス　66, 78
リアクタンス素子　80
リアクタンス分　66
離散的フーリエ変換　8, 135
リスナ　55
利得特性　87
リファレンス信号　69
硫化カドミウム　21
両波整流　18
量子効果　26
量子効率　22
量子雑音　141
レシプロカル方式　112
レベル変換　40
ローカル信号　117
ロックイン・アンプ　62

著者略歴

岩﨑　俊（いわさき・たかし）
 1970 年　　北海道大学 工学部 電子工学科 卒業
 1975 年　　北海道大学 大学院 博士課程修了 工学博士
 同　年　　電子技術総合研究所 入所
 1989 年　　電子技術総合研究所 光電波システム研究室長
 1994 年　　電気通信大学 電気通信学部 電子工学科 教授
 2008 年　　電気通信大学名誉教授

 1993 年～1995 年　計測自動制御学会 先端電子計測部会 主査
 2000 年～2001 年　電気学会 計測技術委員会 委員長

計測と制御 シリーズ
電子計測　　　　　　　　　　　　　Ⓒ 岩﨑　俊　2002

2002 年 5 月 13 日　第 1 版第 1 刷発行　【本書の無断転載を禁ず】
2018 年 2 月 9 日　第 1 版第 6 刷発行

著　　者　岩﨑　俊
発 行 者　森北博巳
発 行 所　森北出版株式会社
　　　　　東京都千代田区富士見 1-4-11(〒102-0071)
　　　　　電話 03-3265-8341 ／ FAX 03-3264-8709
　　　　　日本書籍出版協会・自然科学書協会　会員
　　　　　http://www.morikita.co.jp/
　　　　　JCOPY ＜（社）出版者著作権管理機構 委託出版物＞

落丁・乱丁本はお取替えいたします　　印刷/モリモト印刷・製本/協栄製本

Printed in Japan /ISBN978-4-627-72811-0

MEMO